U0088145

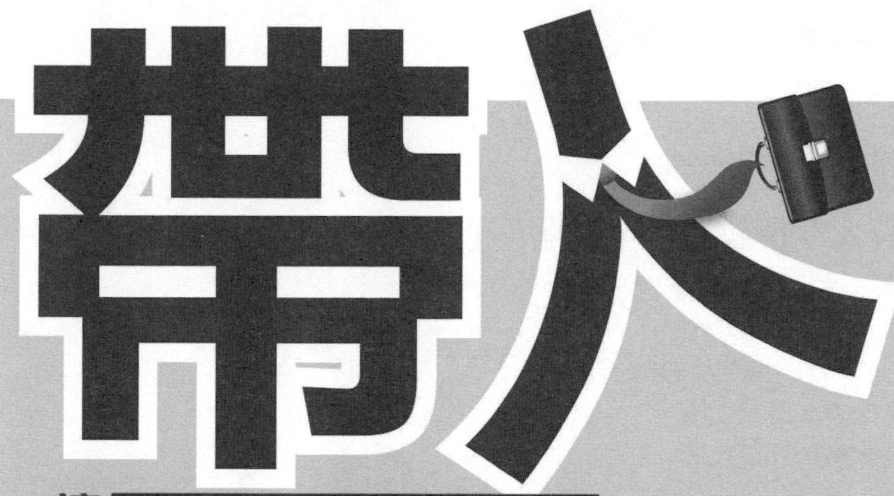

帶人

讓員工完全臣服的管理術

Everything about Managing and Leading

你若是希望員工進步或為公司著想，

那麼，有沒有可能每天只花一分鐘領導員工，

就達到這個效果？

永續圖書線上購物網 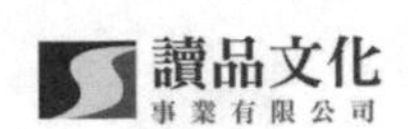 讀品文化事業有限公司

WWW.foreverbooks.com.tw　yungjiuh@ms45.hinet.net

全方位學習系列 63

帶人：讓員工完全臣服的管理術

編　　著　安井哲
出 版 者　讀品文化事業有限公司
執行編輯　林久娟
美術編輯　蕭佩玲

總 經 銷　永續圖書有限公司
TEL／(02)86473663
FAX／(02)86473660
劃撥帳號　18669219
地　　址　22103 新北市汐止區大同路三段 194 號 9 樓之 1
TEL／(02)86473663
FAX／(02)86473660
出 版 日　2015年07月

法律顧問　方圓法律事務所　涂成樞律師
CVS代理　美璟文化有限公司
TEL／(02)27239968
FAX／(02)27239668

國家圖書館出版品預行編目資料

帶人：讓員工完全臣服的管理術 / 安井哲 編著.
-- 初版.-- 新北市 : 讀品文化,
民104.07 面 ; 公分. -- (全方位學習系列 ; 63)
ISBN 978-986-5808-82-2(平裝)
1.企業領導 2.組織管理
494.2　104008348

前言

對任何一個管理者而言，威信都是非常重要的。沒有威信的管理者，絕對無法成為一個好的管理者。管理者不立威，就不可能有任何作為。

毫無疑問，實力與威信是構成管理能力的要素。許多人總是強調，作為一個管理者，能力比什麼都重要，其實未必盡然。要成為一個優秀的管理者，除了擁有超群的實力，還需擁有非凡的領袖氣質。這種領袖氣質，我們通常稱之為威信。因此，要成為一個優秀的管理者，獲得高超的駕馭下屬的能力，就必須靜下心來仔細想想以下的經歷，並從中找到真正的答案：

為什麼有許多人在沒有加班費的情況之下，仍然願意辛勤工作？

為什麼總有一批人為你所設定的目標全力衝刺？

為什麼總有一批人為你毫不保留地奉獻他所有的才智？

多年來，許多人一直不斷思索這些問題，終於取得這樣一個答案：

成功的管理者，是因為他具有九十九％的個人威信和一％的權力行使。

所謂管理者，其實就是把威信發揮到極致，進而影響他人合作，以達到目標的一種身份。

一個人之所以願意為他的上司或組織賣力工作，絕大多數的原因，是上司擁有個人威信，像磁鐵般征服了大家的心，激勵大家勇往直前。

有一位著名的企業主管在研討會上，曾單刀直入地告訴職員：「在現實世界裡，眾所皆知的一流管理者，無一例外地都具有一種罕見的人格特質，他們處處展現出威信領袖的風範。他們不但能激發下屬們的工作意願，又具有高超的溝通能力，動之以情，曉之以理，渾身散發出熱情，尤其重要的是，他帶領團隊屢創佳績，擁有一連串傲人的輝煌成就。運用獎賞力與強制力來管理，也許有效，但是如果你要提高自己的威信，贏得眾人的尊重和喜愛，我建議你們要盡最大的努力以影響和爭取下屬的心。假如你們之中誰能做到這點，誰就能成為一位成功的經理人，而且也可能完成許多看似不可完成的工作。」

因此，對一個管理者來說優秀的管理才能，特別是個人的威信或影響力，比他的職位高低和薪資、福利的優劣來得重要得多。它才是真正促使人們發揮最大潛力，達到任何計劃、目標的魔杖。

所以，一個優秀的管理者需要的是令人懾服的威信，而不是令人生畏的權力。是否擁有這種威信，正是一個管理者能否成功帶人的關鍵！

第一篇
使用人才是管理者的必備素質

第二篇
威信管理才會做出成效

第三篇
該出手時要勇於出重拳

第四篇
懂得授權

第五篇
公平與公正是管理者應記住的管理要訣

第六篇
和諧的關係是提高管理效率的潤滑劑

第七篇
裝糊塗能讓你管得更明白

第八篇
柔比硬有時能產生更佳的管理效果

第一篇

使用人才
是管理者的必備素質

管理管什麼？自然是人，不同的人以同樣的手段去管理，結果會大不相同，這就是選拔和使用人才的差別。所以高明的管理者會從用人開始來貫徹自己的管理理念。選用人才最重要的是做到「合理」二字，能做到這兩個字，管理者才能說具備了基本的管理素質。

選好人才能用好才

用人的前提是選人。現代企業的競爭，實質上是人才的競爭。企業要想成就一番事業，先得從人才的選擇入手，須知，「選好人才能用好才」。

微軟公司就以其嚴格的選才制度聞名於世。在微軟公司成立初期，比爾・蓋茲、保羅・艾倫以及其它的高階技術人員親自對每一位候選人進行面試。現在，微軟用同樣的方法招聘程式經理、軟體開發人員、測試工程師、產品經理、客戶服務工程師和擁護培訓人員。

為了招聘人才，微軟公司每年大約要走訪五十所美國高等學校。招聘人員既關注知名大學，同時也留心地方院校以及國外的高等學校。

一九九一年，為了僱用二千名職員，微軟公司職員事部人員走訪了一百三十七所大學，查閱了二萬份履歷，對七千四百人進行了面試。在進入微軟公司工作之前，大學生在校園內就要經過反覆的考核。他們要花費一天的時間，接受至少四位來自不同部門職員的面試。而且在下一輪面試開始之前，前面一位主試人會把應試者的詳細情況和自己的建議透過電子信件傳給下一位主試人。

有希望的候選人還要到微軟總部進行複試。透過這些手段，微軟公司網羅了許多在技術、市場和管理方面的青年才俊，也因此在各大高等學校中樹立了良好的形象、贏得了良好的聲譽。

微軟公司總部的面試工作全部由產品職能部門的職員承擔：開發人員負責招收開發人員，測試人員負責招收測試人員，依此類推。面試交談的目的在於抽象地判定一個人的智力水準，而不只有看候選人知道多少編碼或測試的知識或者有沒有市場行銷等特殊專長。

微軟面試中有不少有名的問題，比如，求職者會被問到美國有多少個加油站。其實，求職者無需說出具體的數字，只要聯想到美國有兩億五千萬人口，每四個人擁有一輛汽車，每五百輛汽車有一個加油站，他就能推算出美國大約有十二萬五千個加油站。

當應聘者回答此類問題時，答案通常是不重要的，他們分析問題的方法和能力才是微軟公司所看重的。具體來說，總部的面試其實是透過「讓各部門的專家自行定義其技能專長並負責人員招聘」的方法來進行的。

比如說，程式部門中經驗豐富的程式經理從以下兩個方面來定義合格的程式經理人選：一方面，他們要完全熱衷於軟體產品的開發，一般應具有設計方面強烈的興趣、熟練掌握電腦程式化的專業知識；另一方面，他們能專心致志地自始至終關注產品製造的整個過程，善於從所有能夠想到的方面考慮存在的問題，並且說明別人從他們沒有想到的角度來考慮問題。

又比如，對於開發人員的招聘，經驗豐富的開發人員不但要尋找那些熟練的語言程式員，還要求候選人既要具備一般的邏輯思維能力，有要能在巨大的工作壓力下保持良好的工作狀態。

微軟公司還要求每一個面試者對每個候選人做一次徹底的面試，並寫出一份詳細優質的書面報告。這樣一來，能透過最後的篩選的人員的比例相對來說就比較低了。例如，在大學招收開發人員時，微軟通常只有選其中的十%到十五%去複試，而最後只有僱用複試人員的十%到十五%，即從整體上而言，微軟只有僱用參加複試人員的二%到三%。

正是這樣一套嚴格的篩選程序，使得微軟集中了比世界上任何地方都要多的高階電腦人才。他們以其才智、技能和商業頭腦聞名，是公司長足發展的原動力。

日本企業在選人方面也可謂費盡心機，因為他們懂得選人的重要意義：只有選得嚴格，才能用得準確，提高管理能力，從而收到預期的效果。

日本企業的員工，之所以工作積極性高漲，首先就在於企業選人有道。日本一家拉鍊廠為了選一個工廠主任，廠長先後與應聘的十餘位候選人交談，初步選中一個之後，又把他放在好幾個科室中去試用，試用合格後才最終留下來。

在選人時，管理者要全面考察一個人的德才學識。德才學識，是一個人的知識和技能統一的表現，在現代資訊化的社會顯得尤為重要。

在招考新行員時，日本住友銀行總裁出了這樣一道題：「當住友銀行與國家利益雙方出現衝突時，你認為如何去做才恰當？」

許多人答說：「應該以住友的利益為重」

總裁的評語是：「不能錄用。」

還有許多人回答說：「應該以國家的利益為重。」

總裁的評語是：「答案合格，不足錄取。」

只有有少數人回答說：「對於國家利益和住友利益不能兼顧的事，住友絕不染指。」

總裁這才認可說：「這幾個人有遠見卓識，可以錄用。」

日本電產公司在招聘人才時標新立異。該公司招聘人才時主要測試以下三個方面：自信心測試、時間觀念測試和工作責任心測試。

自信心測試的方法是讓應試者輪流朗誦、演講、打電話，根據聲音的大小、談話風度、語言運用能力來錄取。他們認為，只有聲音響亮、表達自如、信心百倍的人，才具有工作能力和管理能力。時間觀念的測試的方法是，在規定的應試時間內誰來得早就錄取誰。

另外，還要進行「用餐速度考試」。比如，知會面試後選出的六十名應試者在某日進行正式考試，並說公司將在十二點請各位吃午飯。

考試前一天，主考官用最快的速度吃了一份生硬的飯菜，計算一下時間，他大概用五分鐘吃完，於是和其它考官商定：在十分鐘內吃完的複試者就算及格。

次日十二點，主考官向複試者宣布：「正式考試一點鐘在隔壁房間進行，請大家慢慢用餐，不必著急。」

結果，複試者中吃飯速度最快的人不到三分鐘就吃完那份生硬的飯菜。在十分鐘之內，已有三十三人吃完了飯菜。於是，公司將這三十三人全部錄取了。後來，他們大多成為公司的優秀人才。

責任心測試則是要求，新招的員工必須先掃一年的廁所，而且打掃時不能用抹布和刷子，必須全部用雙手。結果，不願做或敷衍塞責的人就被淘汰掉了，表裡如一、誠實的人最後則被錄用了。

從品質管制的角度看，能夠把別人看不到的地方打掃乾淨的人，往往不單單追求商品的外觀和裝潢，還能注意人們看不到的內部結構和細微部分，從而在提高產品品質上下工夫，養成不出廢品的好習慣。這是一個優秀的品質管制者應該具備的美德。

日本電產公司正是採用了上述三招奇特的招聘術獲得了適合自己的人才，使得公司生產的精密馬達打入了國際市場，資本和銷售額增長了幾十倍。

從微軟和幾家日本公司的選才制度我們可以看出，要選取適用的人才、充分發揮人才的作用，企業就必需根據自身的情況量身訂做，透過各種途徑招聘優秀人才。在這其中，並不一定要遵循什麼章法，但優秀的人才自然具備很多共有的出色能力，比如特別擅長某種技術工作等等。

找到了具備多種優秀品質、優秀能力的人，你也就網羅到了出色的人才，為合理使用這些人才打下了堅實的基礎。

不遺餘力地留住優秀的人才

人才是事業的根本，管理者要不遺餘力地將優秀的人才留在自己的企業裡為己所用，避免人才的流失。

有這樣一個小寓言故事：一隻母雞無意中孵出了一隻小仙鶴。小仙鶴和小雞們一起玩耍，一起生活。慢慢地，小仙鶴長大了，它的個子足足比它的母雞媽媽高出好幾倍。因此，每當大家在一起覓食或者玩耍時，仙鶴都會自覺地承擔起放哨的工作。而且，由於它的脖子很長，它總是能夠替大家找到很多食物。

日子就這樣一天天過去了。在仙鶴的保護下，小雞們從來沒有被獵狗掠走過。但讓仙鶴感到不太舒服的是，無論自己怎麼努力工作，都從來沒有一隻小雞對它說過一句感激的話，母雞媽媽也不曾為自己的出色表現讚揚過自己。鬱悶的仙鶴終於在一天夜裡悄悄飛走了。小雞們這才發現，沒有仙鶴照顧的日子，真的很難過。

鶴立雞群，其作用無人能夠替代，遺憾的是作為領導者的母雞不懂得肯定仙鶴的價值，不懂得珍惜難得的人才，結果導致了人才的流失。

在企業中，二〇%的優秀人才創造了八〇%的價值，因此，如何挽留這些稀有的人才併發揮他們的作用，就成了管理者的一門學問。如果企業對所有的員工都一視同仁，那麼這二〇%的關鍵人才遲早都會離開企業而去的。所以說，留住對企業來說至關重要的優秀人才、避免人才的流失是每一個管理者的責任。

那麼，企業應該如何使優秀的員工在有效的管理下，留人、留心、發揮最大的潛力呢？

讓我們先來看一看世界著名企業西門子是如何留住人才的吧！

西門子作為全球通信業的巨鱷，不只有沒有時下流行的「大企業病」，而且在人才流動率上，也是同等規模的企業中最低的一個。

眾所週知，在人才流動頻繁的今天，讓一個有才能的人守住一個企業是相當困難的事，更別說讓很多有才能的人都聚集在一個企業裡。那麼，西門子這個科技巨人是靠什麼留住人才的呢？

從創始人維爾納・馮・西門子開始，西門子就營造了尊重並重用人才的企業文化，對人才的重視已經為西門子在全球業界樹立了良好的企業形象。這也是吸引優秀人才加盟的重要因素之一。

西門子用人以穩定著稱，西門子的每一個員工都有很強的歸屬感。西門子認為，員工是公司最重要的財富，不管外部環境怎樣，企業絕不能虧待員工。因此在全球經濟不景氣、裁員減薪之風四起的大環境下，西門子沒有任何裁員或減薪的計劃案，由此樹立了「西門子是值得員工信賴和依靠的」的好形象。西門子為它的員工提供優越的薪資和福利，最為突出的是它為自己的員工提供高薪。

而西門子並不只有依賴於用高薪來留住人才。對員工來說，發展的機會才能最重要的。公司會為員工提供盡可能多的發展機會，幫助員工達到自己的職業目標。

作為全球最大的多元化跨國公司之一，西門子能為員工提供多種領域、性質各異與極其豐富的發展機會。西門子的業務遍及通訊、自動化、機械、能源、醫療等各個領域，遍佈世界一百九十多個國家。公司透過對員工工作內容的擴充，透過內部輪換制度、內部提高等方式，為員工的發展提供了無限的機會。

西門子全球人力資源總部副總裁Goth先生認為：「建立完善管理和員工發展的體制，是西門子成功的訣竅之一。西門子這麼大的公司能凝聚在一起的原因，一是金錢，二是人力。我們的人力資源發展和管理體系建設是成功的關鍵因素之一。」

由此可見，要想留住優秀的人才，管理者要注意以下幾個方面：

一、培養

企業應該為關鍵人才提供更多的成長和發展的機會，透過頻繁、全面的培訓，擴展其知識面，拓寬其思路和視野，以滿足其個人成長的需要。此外，企業還應選拔認同企業價值取向、素質高、有潛力的後備人員，有計劃地給予重點培養，逐步形成關鍵員工隊伍的階梯式結構，從而持續有效地支援企業達到策略目標。

二、重用

留人關鍵在於留「心」，創造良好和諧的企業文化氛圍，追求企業與個人的共贏是留「心」的根本。創造有利條件，給予重要工作，把優秀員工的個人優勢（比如員工所擁有的核心技術、經驗累積、個人聲譽、客戶關係等）轉化為企業優勢是保留關鍵員工的重中之重。

三、激勵

關鍵員工對組織的忠誠度，受績效管理、薪酬以及工作環境氛圍三個方面的影響，所以激勵工作應從這三個方面入手。

透過分析達到策略的成功因素，我們可以確定企業的關鍵績效指標，並由此確定關鍵員工的牽引性績效指標，從而把他們的主要活動和企業策略緊密結合，保證其績效貢獻直接支援企業策略。

員工的回報內含經濟和非經濟兩種，又有短期、中期和長期之分，對關鍵員工的薪酬管理要重點考慮中、長期薪酬方案。現在很多公司實施員工持股計劃和期權計劃正是基於這種考慮。

營造適當的環境氛圍，是關鍵員工發揮高績效的基礎，也是留住關鍵人才的重要因素。

二〇〇三年《財富》周刊說：「人們一旦在物質滿足上達到了一定程度，他們更多關心的是自我價值的達到，總而言之，就是只對自己整天做的事情感興趣。」

以瑞恩·韋熏爾為例，這個丹麥人是吉列刀片公司國際業務部的執行總裁。他說：「我確實常常接到一些獵人頭公司的電話，他們願意提供更高的薪水。但是，我在這裡工作的興奮感相當於其它公司給我增加三〇%的薪水。」

肯·阿爾需斯是美國加州太陽微電子公司的世界人力資源負責人。他說過：「現在賺到一筆錢非常容易。但我們的目標是讓人們每天忙得有樂趣，當獵人頭公司給他們打電話時，他們甚至根本就不想去聽電話。」這些方法很奏效，該公司的人員跳槽率只有五%。正如該公司的一個高階員工所說的：「在目前的工作中，我感到很滿意，只要我在學習和成長，我就無意離開。」

作為一個明智的管理者，對於關鍵人才，要採取「特殊人才，特殊對待」的原則和方法，才能讓他們在自己的企業裡安營紮寨。人才也是人，只要領導者能夠從心裡認可、尊重關鍵人才，並輔以優厚的激勵措施，就能留住他們，並使他們發揮出自己的全部力量。

人才的重要性已經成為共識，在人才流動日益頻繁的今天，留住人才、防止本企業的人力流失已經成為管理者日常工作的重要一環。

一、以誠信留住人才

現在利用圍追堵截的辦法留住人才是非常愚蠢可笑的，而與員工保持相對開放的連絡更有利於企業的穩定性。

二、建立防護屏障

對於一些至關重要的人才，要有特別的措施。現在的獵人頭公司無孔不入，管理者要特別注意保護公司中下層管理者和技術人員等中堅力量。

三、要加強本公司職員力訊息的安全

將內部組織結構和人員分布圖限制在一個極小的範圍內，可以有效地防止訊息流失，還可以防止「獵人頭」順藤摸瓜，「抓」走人才。

不管如何努力，管理者還是不可能留住所有的人才。出現這種現象的原因有很多種，有些是你力所不能及的。你想留住的某些人才最終還是要離開的，你不得不接受這一事實。

人才離去的原因很多：有的是因為對管理者指派給自己的工作不滿意；有的是因為管理者沒有給他們提供發展的機會；有的是其價值觀使然，即使對自己的工作很滿意，但在任何企業中他們都不想待太長的時間，內在的驅動力促使他們離開並嘗試新的人生經歷，「累積點經驗，然後就走」是他們的內心想法，他們就像是現代社會的遊牧部落一樣。

當這些人想要離開時，管理者只須祝他們好運並為他們讓開道路就是了。這時，苦苦哀求他們留下是不合適的，不但會被別的員工所鄙視，還會擾亂你尋找繼任人選的思路。要知道，即使你把整個世界都給他，有些人才還是要離開的。要記住，你不可能滿足所有員工的要求，不可能留住所有的人才。

綜合上述，管理者必須不遺餘力地留住企業的優秀人才，防止人才的流失，但也不要指望留住所有的人才。

要挖人就要捨得付出

古語云：「得人者昌，失人者亡。」古往今來，凡成就事業者，必是善於挖人才之人。

趙勝養士千人，劉備三顧茅廬，曹操倒履迎客等例子自不必說。現代管理者，也沒有一個愚蠢到懷疑人才作用的地步。但真正求得可用之才，對管理者來說也並非易事，關鍵是要捨得付出。一家公司的管理者決定每月十五萬元的高薪聘請兩位優秀的管理者擔任公司的要職。但公司裡有不少人對他的這種做法持懷疑的態度：「這值得嗎？一年要支出三百六十萬元！」

「很值得！」管理者滿意地說，「這還是因為我比較幸運才能請到的呢！」

「公司發展到現在，雖然已經達到一定的規模，但是要想使目前的銷售額提高到一個新的高度卻很困難，公司的發展似乎遇到了瓶頸。原因何在？依我分析，就是缺少優秀的人才。」

「現在，『人才戰』打得十分激烈，不出高價如怎能吸引到『金鳳凰』呢？」這位管理者的話，說得很有遠見不盲目。

眾所週知，員工的薪酬是公司成本的一部分，員工薪酬的增加就意味著公司負擔的加重。而高階人才的聘用，更會使薪資成本迅速攀升。一個高階管理者的薪酬往往相當於幾十個普通員工的薪酬。如此高額的投資究竟能不能帶來更大的回報？

兩名新聘的經理到任之後，不到兩年的時間，公司的狀況起了脫胎換骨的變化，業務範圍拓寬了，執行理想的多元化經營，公司的規模迅速擴大。管理者的計劃執行。

如果面臨同樣的狀況，你是否能像該公司的管理者一樣「揮金如土」？

公司的發展要靠人才，而人才的獲得需要支付高薪，這是不言而喻的。可是，有些公司的管理者就是捨不得支付高薪聘請優秀的人才，他們過多地把注意力集中在公司的成本上，一切使成本有所提高的措施或計劃他們都表示反對。

他們既希望員工為公司做出巨大貢獻，又以公司需要發展為由拒絕支付足以留住人才的薪酬。在市場經濟條件下，依靠權力強迫員工為公司努力工作的做法已經不會起到什麼作用了。而掌握在公司管理者手中的薪酬這個「指揮棒」則具有超人的「魔力」，作為公司的管理者，就要靈活地運用這個「指揮棒」，不斷地激勵員工創造出更佳的業績。

當然，在決定高薪挖人時，管理者要注意以下幾點：

一、要確保所聘之人是公司真正急需的高階人才

倘若公司支付高薪聘到的員工能力不足，無法為公司的發展貢獻力量，難以勝任所擔任的職位，那麼公司將為此付出沉重的代價。因此，在做出重大決策之前，一定要考察清楚，公司需要哪方面的人才，而將聘用的人才是否具備這方面的素質。這就要求分析公司的現狀，以及該人員的詳細的工作履歷和業績，透過對比分析，再決定是否聘用。

二、確保公司有足夠的資金實力支付高薪

作為公司的管理者，你應該清楚，聘用高階人才將大大增加公司的薪資成本，使公司的利潤下降。如果沒有足夠的資金支援的話，高額的薪資成本將加重公司的負擔。因為公司經營狀況的好轉、盈利的增加畢竟有一個過程，如果在這個過程尚未結束之前，公司已經無法負擔高額的薪資成本，那麼一方面會使公司的狀況變得更壞，另一方面會因推遲支付或降低薪酬水準而引起員工的不滿，使員工的士氣降低。

三、對聘用的人才要給予充分的信任，並為其提供用武之地

高薪聘得人才之後，要充分給其以用武的空間，為其提供必要的條件，使他能夠施展才華，為企業的發展開拓更廣闊的天地。

揮金如土為哪般?為的是在市場上挖得最優秀的人才，為得是使企業的經濟效益躍上新的高度，為得是以較大的投入取得更大的產出。要想成功地挖到理想的人才，不光要捨得支付高薪，還應捨得用真心以及出奇制勝的辦法去打動人才的心。克・雷諾是美國矽谷一家小型軟體公司的老闆，頗有遠見卓識。在激烈的競爭中，他認識到，企業的後勁在於人才，企業無法估量的資本是人才，知識是企業的無形資產。

身處當今瞬息萬變的訊息時代，套用最新的科學越多、越快，對人才和知識的渴求就顯得越為迫切。對中小企業來說，重要的職位必須爭取最棒的人才。雷諾深有體會地說，「重要職位所提供的既是難得的機會，又是足夠刺激的挑戰。如果企業隨便找一個人擔任重要職位，就等於幫了競爭對手一個大忙。」

一次，雷諾看中了一個人，想聘請他擔任業務主管。不料，他一次又一次的人情攻勢都沒有奏效，他甚至還托了很多重要人物出面，但同樣沒有什麼效果。最後，這個人不耐煩地調侃說：「先生，全世界大概只有您母親還沒有給我打電話吧！」

第二天，雷諾真的讓自己遠在以色列的猶太母親給他打了電話。老太太動情地說：「您放心好了，我的雷諾是個好人，您一定會願意和他共事的。」對方果然沒有招架住這一招，「投誠」到雷諾的公司。

不久之後，雷諾又物色到一個可以擔任他公司的財務主任這個關鍵職位的人選。然而那個人正在一家大公司擔任要職，待遇優厚，根本不把雷諾的小公司放在眼裡。

雷諾沒有洩氣。在打聽到對方的穿鞋尺碼之後，他買了一雙「耐吉」牌運動鞋放在那個人的家門口，還在鞋旁邊附了一張紙條，上面寫著「JUST DO IT」（「放手去做」之意）這句著名的「耐吉」廣告語。對方終於被感動了，很快「跳槽」過來。

所謂「千軍易得，一將難求」，優秀的管理人才是企業中的無形資產。會挖人是管理者必須具備的能力。能挖掘到出類拔萃的人才為我所用，就能為自己的公司獲取更大的利潤。因此，對於自己看中的人才，管理者一定要捨得付出，該出手時就出手。

用人不妨適時「中庸」

一般而言，管理者在主觀上都希望自己企業的員工團隊是由最出色的人才組成的。但實際上，一個完全由優秀的人才所組成的企業，倒不一定能夠成為一個優秀的企業。所以，在用人方面，適時地選擇中庸之道也未嘗不可。

比如說，現在每年的畢業生的就業壓力非常大，常常會出現有許多人競爭一個普通職位的現象，其中不乏高學歷、高素質的畢業生。為了成功地進入知名的大企業，很多高學歷高素質的畢業生往往降低標準，應聘一些和自己水準很不相稱的職位。而在人才彙集的招聘現場，企業往往傾向於將優秀人才「盡入囊中」。

比如說如果一家大公司要招聘一個打字員，其職責是打字排版、處理各種稿件。實際上，一位專科畢業的人完全就能勝任這份工作，而且她會非常熱愛這份工作，甚至會高興地向親戚朋友炫耀自己在一家著名的大企業工作。但如果該企業招聘一位知名國立大學資訊系的畢業生來做這份工作，可能用不了多長時間，他就會感到乏味無聊，失去工作的興趣，甚至還不如一個普通的專科生做得好。大多數企業願意用那些優秀的員工，這是人之常情。但一個完全由優秀人才組成的企業，未必能成為一個優秀的企業。

松下幸之助就主張僱用中等人才，提倡「七〇%的求才法」。

一九一〇年，松下公司創業伊始。當時，人們的受教育程度普遍較低，其中，擁有小學程度的人占大多數，國小畢業的人都很少了，國中、高中畢業生更是鳳毛麟角。因此，松下公司所能僱用的員工大多教育程度不高。但是，松下公司總是能夠找到合適的人才，而這些人往往不是在學校裡名列前茅的好學生。直到在一九三四年，松下才僱了兩名專科畢業生。當然，現在的松下，人才濟濟一堂，與當初不可同日而語。

松下在創業初期僱用學歷低的人才，一方面，是當時的教育狀況使然；另一方面，則是源自松下的用人理念，那就是用中等人才，用七〇%的人才。也就是說，對某一個職位松下從不選擇任用頂尖的人才，而取中等的、可以打七十分的人才來用。

很多人對此不以為然。哪家企業不想招聘最優秀的人才為自己所用呢？哪一家公司的管理者不以自己擁有的頂尖人才而自豪呢？而松下認為，問題往往出在這些頂尖人才。這些人一般比較自負，因此，他們很容易抱怨自己的公司和自己的職位，「在這種爛公司工作真倒霉」、「這麼無聊的工作，一點意思都沒有」等等。抱有這種心態的人，必然缺乏工作熱忱和責任心，工作起來也未必出色。相反，那些中等的、七〇%的人才，自視不那麼高，也比較容易滿足。他們會很重視公司給予的職位，會努力地把自己的工作做好。相比頂尖的員工，這些人反倒比較可取。

松下說：「世上沒有完滿的事情，公司能僱用七十分的中等人才，說不定反而是公司的福氣呢，何必非找一百分的人才呢？」

在此，我們並不是要否定優秀人才的作用，而是從一個側面說明，讓優秀的人才集成堆未必是件好事。

優秀人才的調配不是一件容易的事。因為每個人都有自己的意見和觀點，互相排斥和對立的現象時時會發生。雖然企業需要大批的精英，但僱用太多的高階工程技術人員、管理人員，不一定對企業有利。因為在企業中，與他們地位相稱的職位往往很少，一旦沒有合適的職位，這些優秀的人才很可能就會因不滿意而辭職。所以，用人時不妨選擇「中庸之道」。為了企業高效率運轉，最有效的辦法，就是在事前進行合理的調配，別讓優秀的人才集成堆。

管理者要本著量才適用、揚長避短的原則合理搭配使用人才

管理者的工作，簡單地說，就是找到合適的人，把他們放在合適的地方，然後鼓勵他們用自己的創意完成本職工作。在這個過程中，管理者要用人之長，容人之短，還要取長補短，使人才優勢互補，達到合理使用人才的目的。

有這樣一個經典的小故事：

一個人聽說他的一個朋友養了一隻非常擅長捕獵的豹，不禁十分羨慕。他想，要是我也能有一隻豹幫我獵捕動物，那該多好呀！於是，他不惜用一對上好的白璧將朋友的豹換到手。

他得了豹之後非常高興，於是大擺宴席，請朋友來喝酒慶賀。酒過三巡，他把豹牽到院子裡給朋友們觀看。這頭豹長得威武極了。他得意地向朋友誇耀：「你們看我的豹多強壯、多勇猛！牠的本事可大了，沒有牠抓不到的動物！」

從此之後，他非常寵愛這頭豹，給牠拴上鍍金的繩子，繫上美麗的絲綢，天天餵牠吃新鮮的畜肉。他常常撫摸著豹的腦袋說：「豹啊豹，我如此厚待你，你可不要辜負了我的期望啊！」

一天，有一隻大老鼠從房簷下跑過，他被嚇了一跳，急忙過去解開豹，讓牠去撲咬老鼠。但是豹只是漫不經心地看了老鼠幾眼，一副無動於衷的樣子。他非常生氣，指著豹大罵：「難道你忘了我是怎麼對你的嗎？你竟然這樣回報我？下次你再這樣，我就不客氣了！」

隔了幾天，他又看到一隻老鼠跑過去，就又放豹去撲。豹還是對老鼠置之不理。他於是大動肝火，憤怒地拿鞭子狠狠地抽打豹，邊打邊罵：「你這沒用的畜生，只知道享受，什麼事也不做，我真是白養你了！」豹大聲嚎叫著，用哀求的眼神看著主人。

但他還是用力地鞭打牠，豹的身上起了一道道的血痕。

他的朋友聞訊趕來，對他說：「我聽說寶劍雖然鋒利，但用來補鞋卻不如錐子；絲綢雖然漂亮，但用來洗臉還不如一尺粗布。豹雖然兇猛，但捉起老鼠來還不如貓。你怎麼不用貓來捉老鼠，放開豹去捉野獸呢？」

他恍然大悟，聽從了朋友的意見。很快，貓把老鼠捉完了，豹捉了很多野獸，數都數不清。

在這個故事中，主人翁一開始不能夠「量才適用」，不懂得豹的長處和才能，才做出讓豹抓耗子這樣荒唐的事。

魯迅先生曾經說過：「如果人要成為完人，恐怕人的數量極其有限；如果書要成為全書才能稱其為書的話，那世上簡直沒有一本書值得去讀。」人無完人，金無足赤。管理者如果想任用一個各方面都好的人，那麼結果只能找到一個平庸的所謂「全才」。在我們的現實社會裡，「全才」幾乎不存在，從某種意義上而言，每個人都是在某一方面有所專長的「偏才」。

傑克・威爾許曾經說過：「現代科學管理要求管理者必須善於區分具有不同才能和素質的人。」管理者必須善於將「偏才」放在適合他的位置上，使他最大限度地發揮自己的才能。

去過廟裡的人都知道，一進廟門，首先看到的是袒胸露腹、笑臉迎客的彌勒佛，而在他的北面則是黑口黑暗面的韋陀佛。相傳在很久以前，他們並不在一個廟裡，而是分別掌管不同的寺廟。

彌勒佛熱情快樂，所以來廟裡進香的人非常多。但他對什麼事都滿不在乎，整天丟三落四的，沒有能力管理好帳務，所以儘管香客如雲，但廟裡依然入不敷出。而韋陀佛是管帳的好手，但他成天陰沉著臉，搞得香客不願上門，最後門可羅雀、香火斷絕。

如來佛祖在檢視香火的時候發現了這個問題，於是就把彌勒佛和韋陀佛放在同一個廟裡。彌勒佛負責公關工作，每天笑迎八方香客，廟裡的香火果然旺盛起來；而韋陀佛鐵面無私，錙珠必較，他負責財務，嚴格把關。由於兩人的分工合作，廟裡呈現出一派欣欣向榮的景象。

現實中不乏彌勒佛般熱情、有親和力的人，也不乏韋陀佛般嚴謹、一絲不苟的人，但如佛祖般有智慧的人卻少之又少。

每個人都是人才，關鍵是如何使用。只有做到「適才適用」，善揚其長，力避其短，才能發揮出人才的最大潛能，使之創造出驚人的成就。每一個人都應該審視自己的發展空間是否有利於自己的優勢和特長的發揮，如果自己本是韋陀佛般嚴謹的人卻被安排迎來送往，這種安排必然會阻礙個人的成長，所以應該積極爭取更有利於自己發揮才能的工作崗位。

不只有是「量才適用」，聰明的佛祖還把兩個具有互補才能的人編入了一個團隊，從而使寺廟欣欣向榮。在組建和管理自己的工作團隊時，也應注意盡可能地吸納有互補性才能的人才，比如在產品創新小組中納入財務人員，在生產小組納入銷售人員等等。

具有互補性才能的人員，可以從不同的角度思考問題和提出建議，從而使最終的行動方案更加符合組織的長遠和整體利益，更有利於整個組織的戰鬥力。只有把適合的人放在適合的位置上，並使具有互補性才能的人才團結起來，才能形成一個優秀的團隊，最終創造輝煌。

在中國歷史上，唐太宗李世民就是個很高明的管理者。李世民登基後，由兩位非常出色的宰相輔佐，一位是房玄齡，一位是杜如晦。因唐朝開國不久，許多規章法典需要制定。在與兩位宰相共同研究國家大事的時候，李世民發現，房玄齡能夠提出很多精闢的見解和具體的辦法但不善於整理和歸納這些見解和辦法；而杜如晦雖然不善於謀劃，卻善於對別人提出的意見做出週密的分析和決斷，使之成為決策和律令。

當唐太宗說「非杜如晦來不能決斷」時，房玄齡並不會因此而心生嫉妒，而杜如晦也不會為了出風頭而另起爐灶，而是最後採用房玄齡的謀劃。這就正好發揮了兩人的專長。這就是歷史上有名的典故——「房謀杜斷」。

唐太宗把兩個優秀的「偏才」有效地搭配起來，發揮了兩人的特長，充分地提高了兩人的積極性，使自己取得了前無古人的成就。在晚年總結自己的帝業時，唐太宗曾說，他的才能不及古人，之所以能取得超過前人的成就，關鍵在於用人。只有從「房謀杜斷」，我們就能對他用人的能力「窺見一斑」。這些對我們當今的管理者也不無啟迪。

管理者要真正做到「善任」，首先應該事業的全局出發，充分考慮人才的具體特點，把他放到合適的崗位上。假如不把每個人的才能用到最能發揮其作用的地方去，那對人才是一個壓制，對事業是一種極大的浪費。

小才大用，大才小用，都不是理想的用人原則。管理者唯有量才適用，才能充分發揮人才極大的能量。

當今社會，管理者只有合理地搭配人才，用好人才，充分地發揮群體優勢，才能取得巨大的工作成效。特別是隨著國際化的社會到來，單純依靠一個人或者一類人，已經是遠遠不夠的了。一個有效的人才群體，必須透過合理的最佳化組合，才能產生新的巨大的集體能量，才能取得卓有成效的業績。

管理者不只有要有愛才之心、識才之能，而且要有容才之量、用才之策；不只有能當好伯樂，更能當好園丁。

雖然我們不可能聘用到一些毫無缺點的人，但是我們卻可以組建這個的一個組織，使人的弱點只是他個人的一點瑕疵，而被排除在他的工作和成就之外，而他的長處卻得到充分的發揮。一位優秀的會計師，自行開業時可能會因為他不善於與人相處而受到挫折；但如果把他放入一個合適的組織裡，讓其安心的做業務，則可發揮其所長。

一個小企業家只精通財務但不懂生產和銷售，也會遇到麻煩，而在一家略大一點的企業裡，一位只有財務特長的人照樣可以有很好的生產效率。

合理搭配各種工作人員，使之在年齡、智慧、專業、素質等方面相互補充，組成一個最佳結構。在現代社會裡，許多工作都需要許多知識、技能的聯合攻關，而不是一個人或一種人所能勝任的。

事實證明，如果各種人員搭配的好，就會產生最佳效能，造成新的力量——這種力量和一個個力量的總和有本質區別。如果搭配不好，就會相互拉扯，相互抵消，造成一種力量的內耗。每一個人都有自己的性格、脾氣，每個人也都有自己的愛好、特長，每一個人還有自己的經歷和經驗。

如何才能使這些人和睦相處、同舟共濟而不發生內耗呢？唯一的辦法就是用互補原則去協調他們，用一些人的長處去彌補另一些人的短處。互補原則表現在用人的多個方面，如「專業互補」、「知識互補」、「個性互補」、「年齡互補」，長短相配，以長濟短，形成多種互補效應的人才結構，才能提高人們的積極性和創造性。

管理者要區別對待不同年齡層的員工

在企業中，不同年齡層的員工並存。對於企業裡的年輕員工，管理者要妙用手段，挖掘他們的潛力；對於企業的老員工，管理者要對他們善加利用。

在現代企業中，年輕人往往占企業員工的大多數。他們年富力強，有工作熱情，是企業的中堅力量。

管理者如果能把握員工的特點，善加引導，妙用手段，就可以使他們煥發無窮的創造力，從而使企業一日千里地發展。

一般而言，年輕人分為三個類型：

一、充滿事業野心。

二、做事得過且過，常想著要自立門戶。

三、隨波逐流、唯命是從，只要求有份工作，不知道理想為何物。

無論屬於哪個類型，他們都有一股衝勁，只是不懂得如何自我表現、發揮，或根本不願意發揮。作為他們的上司，引導他們發揮衝勁，管理者責無旁貸。那麼，應該如何幫助下屬發揮衝勁呢？

▼給他們安排一些比較重要的工作

許多上司習慣於給某些下屬安排重要的工作，卻從不瞭解其它下屬能否也能擔當同類的工作。長此以往，往往造成有些員工忙得不可開交，而有些員工則被閒置。

▼給予下屬適當的指導

有些下屬過分急進，誤把衝動當作衝勁。針對這樣的年輕人，管理者應該教給他們一些辦事技巧，讓他們知道凡事要按部就班，不應亂衝亂撞、壞了大事。

▼少貶多褒

年輕人的自尊心極強，被上司稱讚時，就會喜不自勝；被上司批評了，則會沒精打采。管理者應當多對員工進行褒揚，他們才敢於更進一步。

對事業有野心的下屬，都會積極地向管理者提出自己的建議，盼望得到上司的認同，肯定自己的才能。

聰明的管理者，會把這種類型的下屬當成一個寶藏，並且懂得善加開採。

愚蠢的管理者，會肆意駁回下屬的建議，或者乾脆置之不理。對於積極上進的下屬來說，這無異於一種侮辱，他會覺得在上司心目中，自己只是個隱形人。

當下屬主動向你提出工作建議時，管理者應該欣然傾聽，眼神要落在對方的臉上，不應左顧右盼。

不管他的創意是否有用，管理者都要對他的上進予以鼓勵；儘管不可能立刻將之轉化為現實，也應先將他的建議收在檔案中。倘若決定採納他的建議，就要和他一起研究實際作業時要注意的細節。

管理者切忌採納了甲的建議，卻拿出來和乙談論作業事宜，然後再將它交給丙去執行。如此一來，甲將不願再提出建設性意見，乙也沒多大心情去分析事情的利弊，丙則成為不懂思考而只懂執行的一部機器。

年輕的人雖然在各方面都占優勢，但如果缺乏適當的指導，以至於誤入歧途，結果不但公司得不到益處，而且會使自己受害更深。因此，管理者應該對年輕下屬進行有步驟的指導，鼓勵他們多學、多想、多實踐。

鼓勵下屬學習當然不是光憑說話，管理者還要採取實際行動，例如親自向下屬傳授一些心得，開辦一些短期課程，聘請專業人士前來授課，舉辦定期或不定期的演講等等。下屬也能因此瞭解到上司是一個言行一致的人。

對年輕下屬，管理者切忌濫用高壓政策。因為，對下屬採用高壓政策，只會培養出以下兩種性格的人：反叛性的下屬或奴隸性下屬。

反叛性的下屬對公司會造成或多或少的破壞，除了表面的可見的破壞，還會造成相當多的後遺症。例如，下屬陽奉陰違，表面替公司工作，實則替其它公司工作，並對本公司做出不利宣傳。

奴隸性的下屬則唯利是圖，沒有主見，欠缺主動，久而久之，會失去對工作的敏感度，趕不上工作進度。

因為年輕的下屬具有不明的潛力，所以管理者往往比較重視他們的價值；然而，管理者常常因此而忽略了中、老年下屬對公司的價值。忽略了他們，就等於放著眼前的寶藏不用，卻費勁去發掘不明的資源。

一般而言，由於害怕失去職位，年長的職員往往對工作非常重視，並且具有年輕人不可比擬的責任感。但由於部分工作已經超乎了老職員的能力所及，所以他們的工作效率往往很低，有時無法順利完成工作，只求對每件事情有個交代。

所以，管理者應該從整個公司的利益著眼，及時對老職員做出一些調整，並在調整過程中應注意以下幾點：

▼最重要的是主管幹部（管理人員）本身的觀念

企業的組織是達到目的的一種手段，因此，講究「效率至上」，所以，上司決不能有如下觀念：「我真不願意和他一起工作。」「最好把他調到其它部門。」

▼坦誠相對

直截了當地向年長的下屬表示：「在工作上我們不能夾雜任何私情。我必須以上司的立場貫徹我的原則，請你們也以下屬的立場，跟我好好配合。」

上司這種毅然決然的態度是至關重要的。不妨為此和下屬進行坦誠的交談。年長的下屬當然知道在工作中不能夾雜任何私情，但是他會因此在心中產生一種和比自己年輕的上司有一種「溝通」的感覺。

因此，把雙方的關係說個明白，就有助於化解不同年齡階段的人之間那種「生澀的關係」。

你可以誠意十足地告訴他：「上班時間，我們不要顧慮年齡的問題，只要在各自的職位上全力以赴地工作；下了班之後我們可以對等的社會人這個立場進行交往。」

交流溝通之後，上司就要用實際行動來表現自己的決心。時日一久，這種上司、下屬關係分明的習慣，就會定了型。

▼上司要有真正的實力

管理者如果在新進職員之中發現有特殊才能的人（例如，擁有發明專利者、精通數國語言者），必定會對他刮目相看。

同樣的道理，如果領導者本身擁有某種特殊的技能，年長的下屬就不得不承認：「在那方面，我實在是望塵莫及。」

領導者擁有這種實力，下屬就容易信服，在管理上就更加順暢了。

從上面的分析，管理者能夠很清楚地認識到，應該如何處理自己所面臨的問題了。

第一，反省自己在組織中的地位

對於上下級之間的關係，你是不是有明確的認識？上司就是上司，絕不能因為下屬比你年長，你就得對他有所顧忌。

有的管理者會說：「我也知道這個道理，可是每次看到他，我就不得不讓他三分……。」

你是不是也如此「膽怯」，不敢站在上司的立場上，把年長的下屬視為一般的下屬？

第二，與部屬溝通

對上述有所反省之後，你應該胸有成竹地對他說：「站在管理人員的立場，我認為我應該明確：雖然你比我年長，但我還是把你看成與其它下屬一般無二……。」

然後，聽取下屬對這件事的意見，與他徹底地溝通。

第三，將適當的工作指派給年長的下屬

要注意指派給他的工作必須能夠滿足下屬的自尊心、同時活用了其能力。

第四，一旦離開了工作崗位（下班之後），相對年輕的管理者就應該像尊敬其它長輩一樣尊敬年長的下屬。

只要管理者對年輕的和年長的員工加以區別對待，使他們發揮各自的優勢和長處，就能使自己的企業更有活力。

第二篇

威信管理
才會做出成效

制度是管理的一根標杆，
但有了制度、按制度辦事並不意味著一切問題都解決了，
管理者的個人威信對管理的成效也有著舉足輕重的影響。
當然，樹立威信不是一朝一夕的，
需要管理者在多個方面把握好自己。

樹立威信要有戰術

樹立威信是擺在每一位管理者面前的頭等大事。

管理者要樹立起在員工中的威信，不能依靠外表嚇唬人，而是需要動腦筋。《紅樓夢》中的探春最初接管園中事務時，是以閨中的嬌小姐身份來接替人見人懼的王熙鳳，每個人都以嘲笑的心情來看她如何支撐局面，根本不把她放在眼中。

探春的「亮相」自然要不同凡響。她一上來就對王熙鳳定下的種種不合理的規矩一一駁斥、廢除，使在座者無不心服口服；大刀闊斧地改革還借助了李紈的地位，寶釵的心細，加上她自己的精於計算，形成了「三獨坐」的局面；她對生母趙姨娘的無理要求更是不留情面，使她的「主貴奴賤」的架子自討沒趣了。探春的幾把「火」燒對了地方，也「燒」出了威信。大觀園在探春的管理下一度顯得井井有條。

管理者立威就得「燒」幾把火，但火不能燒得過度，樹立權威也要掌握一定的技巧。

一、對那些你無法接受的反應，立即且堅定地做出適當的回應：下達指令，要求改正。

二、發布簡潔扼要的指令，並且表現得好像別人要毫無疑問地服從它們。

三、把自己私人的生活和問題留給自己解決。

四、不要詢問你部屬的私人生活，除非這些事情對工作有直接的影響。

五、以平和的態度接受成功，但是表現出你所期待的成功是在你要求的工作能被放在第一位進行時。把成功歸於指令被服從的事實。

六、以比正常略為緩慢的速度，清晰地提問題，等候回答。

七、當你和別人說話時，不要注意他們的眼睛，而看著他們前額的中央，眉毛上方半寸高的地方。這樣他們就很難讓你改變臉上的表情，這個表情通常就是你要讓步的第一個跡象。事先準備好一個結束談話的結尾，這樣示意談話結束，使你免於顯出笨拙的樣子。

八、不要嘗試強迫別人立即行動。大部分人會覺得受到壓迫，需要一點時間整理一下思緒。如果你顯露權威，他們還是會行動，但是最好讓人有緩衝期。

九、不要期待在那些你採取如此手段對待的人當中交到任何朋友，也不要試圖想除去任何一人。

十、當你出錯時，不要承認這是個人的錯誤，比如，不要說：「我錯了」，而是說：「問題可以處理得更好。」

以上的十條規則是為管理者提供表現權威的方法。在你必須對一個棘手的事情負責時，可能想要把它們全部用上，或者只有使用其中一個方法——當你不想屈服於推銷員的壓力之下時，就瞪著他的前額看。

應該利用多少程度的權威全隨情況和你的性格而定。如果對於使用這種方式感到不舒服，應該試著一次練習一個規則，直到覺得熟悉了為止。若對使用這些方法感到不安，就不要用！否則，不只有欠缺說服力，還會陷於比剛開始還要糟的境況。

一般而言，盡可能使用最少的權力來完成工作。假使用得太過，人們會很容易把你當做蠻橫的人，而且會反叛，想要詆毀你。管理者利用權威的目的就是管理別人以達到自己的目標。

如果人們已經達到你想要的程度，就不需要表現出還在負責的樣子，雖然管理者有權力，但是這樣即便樹立了威信也會被人們所痛恨。

雖然聽起來有點陳詞濫調，但是仍然有必要強調，除非你有想以權威來爭取的東西，否則總是表現一副很有權力的樣子並不明智。

強迫別人毫無疑問地老是服從，只會顯得荒謬。人們不會把你看得很重要，即使他們怕你。最糟的是，當真的需要他們時，他們又可能一點反應也沒有，你就像那個經常叫「狼來了！」的男孩，最後沒有人理會你。

所以，管理者要把自己的權威樹立在員工們的心中，讓大家從潛意識中認同你，心甘情願的做你的下屬。

注重承諾才能贏到下屬的信任

民間對燒香敬佛很有講究，在佛祖面前許願必須得還就是其中之一。據說許願如果不還，就會有不好的事情發生。

管理者的許諾就像燒香許願一樣，也要還願。如果做不到，就乾脆別許。不許空頭諾言，對於處理上下級關係顯得非常重要。孔子論「信」時指出，在情況危急之際，可去食、去兵，但不可去信。

當今社會，誠信缺失的危害大家都感同身受。其實，越是在這樣的時候，管理者如能崇奉並做到誠信為本、有諾必兌，你的管理工作必將收到意想不到的效果。

商鞅是我國古代的一位政治家，他本是衛國的沒落貴族，聽說秦孝公下令求賢，來到秦國。秦孝公聽商鞅談論富國強兵之道，很贊同他的變法主張。

公元前三五六年，秦孝公任用商鞅，實行變法。法令內含如下內容：打破土地上的縱橫田界，承認土地私有、買賣自由，獎勵耕戰，建立郡縣制。但商鞅擔心老百姓不按新法做。為取信於民，就在國都咸陽的南門外，立起一根三丈高的木柱子，命官吏看守，並且下令：誰將此木搬到北門，賞黃金十鎰（古二十兩為一鎰，又有一說二十四兩為一鎰）。當時圍觀的人很多，但大家一是不明白此舉的意圖，二是不相信有這等好事，所以沒人敢動。

商鞅聞報，心想：百姓沒有肯搬立木的，可能是嫌賞錢太少吧！於是他又下令，把賞錢增加到五十鎰。重賞之下必有勇夫，沒出三天，就有一個不信邪的壯漢，把那木柱扛到了北門。

商鞅立刻召見了搬木柱的人，對他說：「你能聽從我的指令，是個好百姓。」立刻賞他五十鎰黃金。

這個消息不脛而走，舉國哄動，人家都說商鞅有令必行，有賞必信。

第二天，商鞅即公佈變法令，雖然新法遭到一些貴族特權階層的反對，但新法在秦國終於得到順利實行。

變法令頒布剛一年，太子就觸犯了法律。

商鞅說：「新法不能順利施行，就在於上層人帶頭違紀。」

但當時規定太子是國君的繼承人，不能施以刑罰，於是商鞅就把他的老師公子虔處刑，將另一個老師公孫賈刺字，以示懲戒。秦國人聽了這件事後，無不小心翼翼地遵從新的法令。

新法施行十年後，秦國呈現出一片路不拾遺的太平景象。

商鞅先是豎木桿以示信，後懲太子老師以取信。扛了木竿立賞五十金，太子犯法也予懲處，才達到以後的天下大治四野賓服。

如果太子違法他不敢作出懲戒，那別人就會不服，先前建立起來的威信也會隨之失去，屬下也不會佩服地聽從他的號召。

慎重表態，說到就要做到

「取信於民」是每個管理者展開工作的基石。下屬若不信任你，對你的話心存疑竇，你的要求，你的許諾，漸漸會失去應有的效用。時間久了，你的威信會一落千丈，你的管理者地位會失去基礎。

有這樣一位廠長，上任初始，宣布要為員工們在一年內做五件事，員工們自然衝勁倍增，但大半年過去了，一件事也沒有做成，大家漸漸就沒了熱情，這位廠長也因此威望掃地，企業效益急速下滑。

廠長本是想用許諾來激勵員工，沒有想到整個行業不景氣，工廠也就沒有錢做那些已經許諾的事，結果是「搬起石頭砸了自己的腳」。這位廠長要從這件事中吸取教訓，切忌瞎許諾。對於一些企業的主管，也應該從這類事情中反思一下，不是有絕對把握的事情，絕不要隨便向員工們許諾，否則，屆時不能兌現，後果不堪設想。

有些主管錯把輕易許諾作為激勵員工的手段，也許在短期內發揮到作用，但從長遠看，效果並不好，一旦許諾不能及時兌現，員工傷心失望，還不如事前不做任何許諾。在這樣的情況下，還不如默默地為員工做一些實事，讓員工落個實惠，也不可把話說得太早、太滿，讓人空歡喜一場。

有些許諾關係著員工的前途與未來，員工們對此極為敏感，在工作中牢牢記住管理者說過的每一句話。因此，管理者不能心情一高興，忘乎所以，信口開河，更不可隨意封官許願，而在這些員工達到要求時卻又根本不提，這只能削弱公司員工的戰鬥力。由此可見，管理者在日常管理中，千萬不可隨意許諾，若有許諾，應盡力兌現。

很多人小時候一定都聽過「狼來了！」的故事，小牧童一再利用謊言來捉弄村子裡的人，結果當狼真的出現時，再也沒有人肯幫助他了。這說明謊言容易使人失去別人的信賴，所以，管理者必須謹防謊言的陷阱，千萬不可以用謊言來欺騙員工。

在我們身邊的一些不受人歡迎的管理者，必然有他們遭人討厭的方面，但總結一下，都有一個小毛病，言行不一致，說的是一套，做的又是一套。

的管理者高興的時候，對員工隨便作出承諾，不管結果能不能達到，只圖一時的口頭興奮，不久後，食言反而裝著若無其事，好像從來都沒有那句話似的。

有的管理者以為自己的權力是自己不負責任的理由，只管要求員工做事賣力，自己則一毛不拔，整天無所事事，一張報紙一杯茶，至多作一些口頭指示。

有的管理者「前言不對後語」。在作出某項承諾後，條件發生變化，或者受到來自其它方面的壓力，為了維護自己的利益，或者明哲保身起見，不惜推翻自己所作的承諾。

只要能夠說到做到，哪怕這位上司的能力差一些，員工們也會信任他，主動維護他的形象。即使他的話語與行動，不一定符合員工的要求，員工也會感到他做事有原則性，反而對他的工作要求較有信心，認為他不會有朝令夕改的情形發生，工作起來也較為投入。

用自己的風格感染下屬

每位管理者都有自己的管理風格，而他們的下屬，也有各自的風格。在日常管理中，不同的風格難免產生衝突，從企業發展的角度來看，無論遷就哪一方，都是對管理者威信的考驗。

管理風格本身並沒有好壞之分，只有適應性上的差別，而組織理念作為經濟實體的一個細胞，必然受到其所在的社會文化的影響。也就是說社會文化的不同導致了東西方企業管理風格上的差異。

亞洲人注重看人情，講關係，強調「以治家的方式治國」，而歐洲人則更多的是本著既定的規則辦事，秉承「以治國的方式治家」的原則。如果我們關注歐洲的管理哲學發展史，就會看到，亞洲其實在很早以前就一直宣揚「人盡其才」、「知人善用」的管理理念；而反觀歐洲的管理學家們，直到今天仍孜孜不倦地追求著對工作管理的精緻化。

因此對於中外的企業來說，在其社會文化環境的影響下，亞洲人企業的組織理念更側重於「感性、親情」，而歐洲的企業的組織理念則更側重於「理性、規則」。從管理風格來說，亞洲的企業大多關注「人」；而歐洲的企業則更多地側重於「工作」。

微軟能有今天的特殊成就，應歸功於比爾・蓋茲的獨特管理風格。

蓋茲自信微軟擁有世界第一流的人才，因此他勇於冒險以公司前途作為賭注。每一年在公司的集會上，蓋茲總是會發出同樣的訊息：「我們把公司的前途賭在視窗上。」或「我們把公司的前途賭在網絡上。」當蓋茲以公司做賭注時，那是絕對不容許失敗的，甚至為了在新市場上爭個高低，他會砍掉正在賺錢的金牛。比如，微軟最早是以MSDOS起家，占軟體市場的絕大部分，同樣也是微軟最賺錢的商品，但是DOS被視窗所取代，不是由於競爭者的威脅，而是自我的更新。每一次微軟擁有一個市場，就不斷向自我挑戰，推出更新的商品。

我們從微軟領先市場的做法得到一些啟發：第一是如果企業不肯推出更新的產品取代自己的商品，別的企業就會取代你；第二是面對產業的更新，誰能領先改進，誰就能掌握先機。

最佳的管理制度必須仰仗最佳的人員去建立，員工的素質高低直接影響到管理的成敗。蓋茲深知這個道理，因此微軟一直都是僱用五%的最頂尖人才。微軟的所謂最頂尖是指在不同工作領網域中最優秀的人員，譬如商品經理和程式設計師在職務和工作的內容上顯然不同，而微軟關心的不是人員具備什麼樣的知識，因為知識很容易獲得，也不是人員在校成績好壞，微軟需要的人才是最精明和勤於動腦思考的，只有精明的員工才會很快改正錯誤和用各種方法改善工作，以節省公司的時間和金錢。

正是因為微軟的高標準用人政策，所以公司的人員素質都非常高，又彼此激發，使得整個團隊的表現都非常好。不管你的公司用人由誰做決定，都必須堅持僱用最佳人員的原則。

微軟公司的員工雖然有充分的自主權，但不意味著他們和主管脫節，事實上微軟各部門的經理都充分瞭解他們部下的工作，而且幾乎沒有例外，每位經理都會做部下的工作。

微軟的各級主管首先要具有充份的專業知識；其次才是管理和帶人技巧。人員的升遷完全決定在自己的個人能力上，不看年資也不按資排輩，只有把工作做好，表現最好的經理才能獲得升遷，工作表現不力的就被淘汰，因此競爭非常激烈。

一個真正好的公司無疑要從選用最好的人才開始，然後要提供一個良好的工作環境，創造一個良好的組織氣氛，把公司的信念和價值觀融入在細微的管理工作中，讓員工的才能得以充分發揮和施展，維持高昂的士氣，發揮團隊的精神。

微軟公司之所以叱吒風雲，是因為蓋茲把公司的前途押在正確的產品和機會上，使得微軟在各種市場的轉變中都非常成功地處於領先的地位，但很少有人知道，微軟的成功是勇敢地接受失敗。由於許多大企業都不容許失敗，而導致了許多員工明知計劃不可能施行，註定要失敗，也不肯說出真相，只是把整個企劃案一直拖延著。微軟剛好相反，對失敗早在預料中，管理階層會提拔曾經失敗但勇於負責的人，因為他們知道從失敗中汲取教訓。

在微軟，每個員工都要瞭解成功案例的真正原因。因此，當一個計劃完成，就會舉行檢討會，會上所有人都可以在坦誠不帶任何批判的氣氛下檢討他們所犯的錯誤，作為以後改進的參考。

微軟的員工對他們進行的工作有權做任何決定，因此他們的決策非常迅速。每當他們要提出一項建議時，也還要提出其它適合的替代方案，併列舉出相應的優缺點。這樣做的用意是要訓練員工的思考能力，如果事先都將可能的狀況和問題考慮過了，當原案失敗時，就可立即採取替代方案，這樣才不會措手不及。

比爾·蓋茲用他的風格影響了微軟的每一位員工，使這個彙集各種頂尖人才的群體發揮了最大的創造力。他告訴東、西方的每一位管理者：用自己的風格感染下屬，不只有樹立了自己的威信，同時也協調了企業中的矛盾。

適當時候要「御駕親征」

管理者要樹立自己在員工中的威信，在很多時候，該出手時就要出手。只會伏案工作的管理者，根本不可能率先示範給下屬看；只會實際工作的管理者，同樣也不能指揮下屬。唯有伏案工作與實際工作雙管齊下、平均指派，才是最佳的行動模範。

某些場合，管理者不能只負責業務管理，而叫下屬從事實際工作。縱使身為主任、股長或是科長，有時也要親自作業實際工作。

換句話說，管理者不但要指導下屬、管理下屬的行動，有時候更要站在下屬的前頭，以一副「看好，要按照我示範的方法做」的態度率先示範。也就是說，上司在某些情況下也要從事第一線的工作。

話雖如此，有些管理者似乎沒有認清自己的立場與工作，只會在口頭上堆砌一堆大道理，卻從來不肯在行動上率先示範。這些管理者之所以有這些觀念，大都是在討論會或別的場合裡聽說「第一線的下屬是靠流汗及實際的行動賺取薪資。管理者就不同了，他們要做價值判斷，然後再依據此判斷的結論來操縱下屬。各階層負責各階層的工作，這才是實事求是的態度。身為一個管理者，不可以只靠流汗來換取薪資。」

可是，他們誤解了這段話的真正含意，並且漏掉了很重要的一點——「在某些時候或某些場合，管理者必須要親自行動」。因此，他們就理直氣壯地坐在自己的座位上專心從事管理的工作。這些管理者為他們的短視所付出的代價，就是日漸與員工們疏遠。

當管理者在某些時候「親自上陣」，會給員工們帶來的震撼是巨大的。

東芝公司是世界上有名的大企業，它除了產品具有較強的競爭力外，在行銷工作中也是高招迭出。所以，業務發展迅速。

有一次，該公司的董事長土光敏夫聽業務員反映，公司有一筆生意怎麼也做不成，主要是因為買方的課長經常外出，多次登門拜訪他都撲了空。土光敏夫聽了情況後，沉思了一會兒，然後說：「啊！請不要洩氣，讓我親自上門試試。」

業務員聽到董事長要「御駕親征」，不覺吃了一驚。一是擔心董事長不相信自己的真實反映；二是擔心董事長親自上門推銷，萬一又碰不上那企業的課長，豈不是太丟一家大企業董事長的臉！那業務員越想越怕，急忙勸說：「董事長，不必您親自為這些具體小事操心，我多跑幾趟總會碰上那位課長的。」

業務員沒有理解董事長的想法。土光敏夫第二天真的親自來到那位課長的辦公室，但仍沒有見到課長。事實上，這是土光敏夫預料中之事。他沒有因此而告辭，而是坐在那裡等候，等了老半天，那位課長回來了。當他看了土光敏夫的名片後，慌忙說：「對不起，對不起，讓您久候了。」

土光敏夫毫無不悅之色，反而微笑著說：「貴公司生意興隆，我應該等候。」

那位課長明知自己企業的交易額不算多，只不過幾十萬日元，而堂堂的東芝公司董事長親自上門進行洽談，覺得賞光不少，故很快就談成了這筆交易。

最後，這位課長熱切地握著土光敏夫的手說：「下次，本公司無論如何一定買東芝的產品，但唯一的條件是董事長不必親自來。」隨同土光敏夫前往洽談的業務員，目睹此情此景，深受教育。

土光敏夫此舉不只有做成了生意，更重要的是他在全體員工面前做了一個親力親為的榜樣，提升了作為管理者的形象，無形中樹立了自己的威信。

千萬不能感情用事

管理者與普通員工一樣，有著自己的個人情感，這是人之常情。但在具體事務中，管理者切不可感情用事。身為管理者必須注意這一點，否則別說樹立自己的威信，甚至可能淪落到被下屬輕視的地步。

何謂「感情用事」？具體而言，感情用事內含下列幾點：

一、輕易地發怒。
二、在輕微的因素下，喜怒哀樂的表情便輕易地浮現在臉上。
三、為了微不足道的小事反應過度，並訴諸於感情。
四、聲調庸俗，粗暴。
五、自我主張，沒有傾聽別人說話的雅量。

身為管理者和普通職員間的差別在哪兒？很簡單，普通職員主要是從事定型的反覆工作，而管理者的行動往往是變型的、不按常理的。換句話說，平時不可能發生的業務處理、對外的業務處理等都必須由他們負責。不但如此，他們的工作多半是屬於「與人應對的工作」。

基於以上的論點，其實說到底就是一個個人情緒的控制問題，我們知道管理者和普通職員不同，他們經常會碰上變化及起伏都相當激烈的環境與狀況。如果管理者的個性傾向於情緒不安定，非常激烈，那麼當他們在下判斷時就不能保持冷靜和客觀。

人際關係複雜，而變化及起伏也很激烈的財經界人士往往以「平常心」自戒，其原因正是在此。

下屬也會經常觀察管理者的一切言行舉止。像面具般無表情的人容易遭疏遠；為小事就把情緒寫在臉上的人通常是屬於器量狹小的類型。下屬內心把這種管理者當做傻瓜看待，任何事皆表面順從，不肯真心服從。

既然管理者的工作主要著重於「與人應對」及「判斷」方面，如果從事這種工作時為了芝麻綠豆大的小事就喪失理性而動怒，絕對不可能獲得大家的信任，並且也無法下正確的判斷。這種人很少能得到下屬的喜歡。

作為普通員工，一時感情用事或許情有可原。但作為一名管理者，要想維護自己的威信，必須控制好自己的情緒，隨時保持理性的頭腦。

情緒是和人的追求連結在一起的。我們必須學會選擇快樂，拋棄煩惱，學會控制情緒是一種必需的心理整合，是獲勝的要訣之一。學會控制情緒也是獲取他人讚美的因素之一。

失敗了，流淚了，掏出了手帕，終於抑制住了自己，同樣向勝利者送上鮮花，讓人看出你的瀟灑、大度，別人會接受你、讚美你、認同你，這就是控制情緒的必要性。作為管理者，首先，你必須記住，不良情緒是最危險的敵人。

當我們在追求的過程中，受到對手或週圍環境的刺激或干擾時，就會產生厭惡、氣憤、抱怨等不良情緒。當我們的追求沒能如願以償，遭到失敗時，我們可能會對自己過去的所作所為感到後悔、自責、內疚、羞慚，對自己的前途感到灰心失望、信仰破滅，而對別人產生嫉妒，甚至產生仇恨的不良情緒。

要獲取勝利，就一定要學會控制自己的情緒，學會選擇快樂、自信，而拋棄煩惱、自卑和仇恨。領導的風格是要求管理者要穩重大方，慎重於一言一行，遇到多大的事情也不會大驚失色，因為小事引起的心理細微變化更不能顯露在外表上。

一些管理者往往會因為下屬的工作出現一點的錯誤或不當就大發雷霆，顯示出怒不可遏的樣子。

一些管理者會因為在家裡與家人發生了不愉快的事情，而把一張陰雲密佈的臉帶到工作崗位上。

一些管理者會把工作上的一時不順，牽連到下屬身上，這種無端而生的做法在他自己看來似乎還不無道理。

許多管理者在職位上，十幾年、甚至幾十年下來，都得不到提升，會埋怨、大發牢騷，卻不想想其中的道理。

許許多多管理者又常會招致大多數下屬的厭惡，上司對他們也不會有好的評價，這又是為什麼呢？

其中一個很重要的原因，可能就是你對自己的一言一行缺乏應有的控制，從而常會失去管理者所應該具有的冷靜、理性，任憑感情所驅使。

一些管理者博學多才，經驗豐富，但是彷彿是命運的安排，同事、下屬很少對他們尊敬、愛戴。工作上這些管理者的決策可以說是英明的，但結果卻很糟糕。這樣的管理者，直到退休或離職，在下屬的心目中，都沒有太多的好感。原因很簡單，這些管理者總是在工作中感情用事，沒能很好地團結大多數下屬。

如果你在做一些事時，總是感情戰勝理性，下屬會認為你是一個很幼稚、膚淺、不稱職的管理者，會看不起你。從而不喜歡接觸你，而你更談不上在下屬面前有威信。

面對壓力自己承擔

企業的各級管理者，尤其是中、高階管理者，感受到壓力之後，往往不自覺地把自己內心的壓力傳染給被管理者，使他們也感染上壓力，這種做法是不適宜的。因為，當被管理者成為壓力「攜帶」者時，他們會以諸多的「管理難題」形式把壓力再返回到管理層。如此來往，管理者與被管理者之間的壓力傳染會越來越強化壓力的程度，越來越使壓力原因複雜化。

工作就會有壓力，這是毫無疑問的，但管理者的壓力就是你自己的事情，你要自己想辦法去解決、去面對，不要動不動就把壓力講給下屬聽。

言為心表，「言說」是心理和情緒的反映。管理者的壓力，會變成壓力性的「言說」在管理活動中傳染給被管理者。

權力或者影響力越大，他們傳染壓力的面積和深度就越大、越深，而且占據著傳染壓力的主導位置。

對於被管理者，工作中在他們感到有壓力的時候，管理者的「言說」自然就成了他們認為的壓力源。壓力是一種不安全的感覺。對來自管理者的壓力，被管理者本能地有一種抵抗的衝動。

抵抗是下屬面對壓力進行自我保護的內心願望。

抵抗的方式有七種：

一、推卸責任

二、陽奉陰違

三、跳槽

四、弄虛作假

五、消極怠工

六、假公濟私

七、斤斤計較

你爭我奪。對於下屬的抵抗，管理者感到一種管理壓力，於是繼續施加或者增加壓力。在管理者與被管理者的壓力對抗中，時間、精力、機會、激情都被內耗掉，而管理者與下屬也是兩敗俱傷。

很少有管理者意識到，下屬這七種破壞工作的行為，正是他們對來自管理者壓力的抵抗。有些管理者認為，自己對下屬的批評是有依據和理由充分的。管理者發脾氣，是因為下屬的工作錯誤屢教不改而忍無可忍。

嚴格要求，也是為了促進下屬進步和成長。不信任，也是因為下屬的工作能力總是令人不放心。懷疑，也是因為下屬不夠忠誠。

確實，若是在管理者遭遇壓力的時候，他們總是容易將壓力源往外推。即在自己以外的地方找壓力源。事實上，壓力源就在於你自己。管理者感到管理壓力，恰恰是對他們傳染給下屬壓力的反抗。

另一方面，管理者無理「發洩」壓力的做法，往往給下屬一種他的上司無能的感覺，進而影響管理者在企業中的威信。真正明智的管理者面對壓力能自己化解就自己承擔。

不假公濟私損及個人形象

每一位管理者在員工的心目中，都有其獨特的個人形象。管理者個人形象的好壞與其在員工心目中的威信感感相關。

對加班中的下屬說：「工作做完後，我請大家到咖啡店喝杯咖啡。」相信下屬們一定心存感激。因為，這是上司親自掏腰包請客。相反地，上司要是以公費請客，大家的心情一定大大地打折扣。

有些上司在出差時吃一頓飯都要跟人家要發票，以便拿回公司向會計報帳。在這個社會上你只要多留意一下，必會找到不少這一類型的人。

其實，要瞭解一個人的品性很容易，只要看看他使用金錢的方式就可一目了然。有些人乍見之下氣度相當偉大，可是一牽涉到錢，腦子裡立刻盤算如何才能「報公帳」。以上司的資格來說，這種人的品性及能力都夠不上水準。

有一位相當吝嗇的男子，一次，這位男子心不甘情不願地匯一筆款回老家，為的是雙親的三週年忌日，每個兄弟都須平攤一些。令人意想不到的是，這名男子竟把掛號收據連同現金匯票一起送到會計部門，並在上面註明「送給客戶的匯款」。

這位只進不出的男子位居科長之職，可是從不曾開口請下屬喝杯咖啡。因此下屬們為他取了一個「鐵公雞」的外號。

這種上司很容易就失去了下屬的信賴。

品性最低劣，最被下屬瞧不起的管理者是用公司的錢揮霍無度，而自己的錢則是一毛不拔的人。這種類型的管理者為數不少，而對公司更是有百害而無一利，嚴格說起來他不但沒有存在的價值，甚至會對公司造成危害。

所以，管理者在日常事務中要公私分明，切不可因貪圖小便宜而使個人威信受損。

堅決拆散小圈子

在很多的企業中，員工都有拉幫結派的現象。他們或以來自同一地方為區分標準，或以不同的工作部門為分界線，形成一個個小圈子。這些形形色色的小圈子是企業維持平衡局面的最大絆腳石。

部下拉幫結派，目的無外乎是兩個：其一是形成自己的派系打擊其它的同事，累積更大的力量進行內訌；其二是經營自己的勢力，培植自己的死黨對抗主管，伺機取而代之。不論哪一種都會危害整個組織的團結，會威脅領導者的權威。所以領導者絕不能容忍小圈子的發展，一定要堅決地把它砸爛！對待小圈子，管理者絕不能聽之任之，保留了他們的權威也就相當於削弱了自己的權威，無異於自殺行為。因此，對於結黨營私的屬下，明智的管理者一定會毫不留情地砸爛它。

某集團總經理杰森在創業過程中就曾遇到過類似問題。當時，企業的組織機構存在嚴重問題，二十七個科室中，能做實事的寥寥無幾，且大多效率低下，管理不善，因此進行機構改革裁減冗員勢在必行。但改革的主張首先受到了來自安全科的挑戰。安全科勢力很大，一個科室就占用一層樓，科員們個個待遇優厚，其地位之所以如此，原因在於這裡的二十個人大多是老闆的子弟親屬，後台較硬，被人稱為「特殊王國」。對此，其它員工的意見一直很大。

杰森知道安全科很有背景，但如果容忍安全科我行我素，目中無人，那麼自己以後的工作將很難展開，其它員工也不會服氣，於是他打算拆除安全科的小圈子，徹底擊垮這個「特殊王國」。杰森下令，限安全科於第二天下午六點前將其占用的四層樓騰空，搬到指定的三間辦公室裡。他知道這道指令必然會招來安全科強力的抵制。果然，安全科的諸位特權者連夜開會，商量對策，決定「集體上訴」，到上級部門去告杰森的狀。到了第二天中午，他們仍然占住四層，不肯搬遷，與杰森保持著僵持狀態。

杰森知道這小圈子的實力，也知道自己可能會因此而得罪某些上級主管，但為了企業利益，為了自身指令的有效性，他沒有退卻。杰森馬上召集黨組會議，決定如果安全科再不搬遷，就罷免其主管。這一招果真靈驗，誰都不願丟了自己的烏紗帽，科長在即將宣布罷免令的最後一分鐘終於屈服，開始搬遷。

從此，來自安全科的阻力被徹底破除了，其它科在杰森改革之劍的寒光下也不敢再有任何抵制情緒，規規矩矩地執行杰森的指令，機構改革的速度不斷加快，為企業的生產創造了良好的條件。

管理者在砸爛小圈子，清除內部團體勢力時，必然會遇到來自外部和團體自身的抵制和壓力，這時管理者不能手軟，要一打到底，不給其留有生存機會，否則復甦後的小圈子勢力將更加膨脹。杰森在機構改革中面對「特殊王國」安全科的抵制並沒有退卻，而是採取更加有力的措施將其逐漸擊破，維護了企業的利益，也樹立了自身的權威。

「小圈子」中的「小」不是指其能量小，人數少，而是針對它只為少數人謀私利，在組織上排斥大部分人，只注重自己內部的利益，不管全局的利益而言的。有時候，「小」圈子實際上人數眾多，其成員大多占據要位，活動能量頗大。

管理者一旦縱容和漠視小圈子的發展，任其勢力膨脹而不加干預的話，那它就會持續擴張，或割據一方，搞獨立王國，甚至藐視主管，公然向最高管理者挑戰，這種尾大不掉之勢一旦形成的話，就很難處理小圈子和整個組織之間的從屬關係了。小圈子於組織就好像腫瘤之於人體，一旦腫瘤惡性膨脹，就有吞噬整個肌體的危險，就會威脅人的生命，所以領導者千萬不要容忍和忽視小圈子的存在和擴張。

此外，要注意的一點是，即使在一個公司中，管理階層也不要容許中階幹部相互串通勾結或組織自己的一套體系，要堅決砸爛小圈子，杜絕任何影響自己威信的行為。

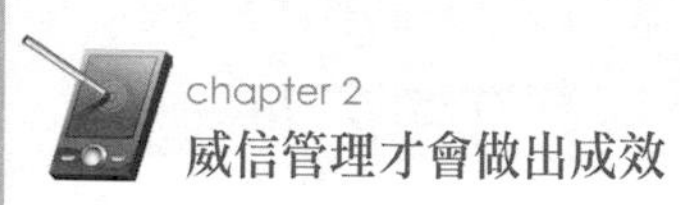

適度地發火

管理者在工作中，難免會有生氣發怒的時候，而所發之怒，足以顯示管理者的威嚴和權勢，對員工構成一種令人敬畏的風度和形象。應該說，對那種「吃硬不吃軟」的員工，適時發火施威，常常勝於苦口婆心和千言萬語。

上下級之間的感情交流，不怕波浪起伏，最忌平淡無味。數天的陰雨連綿，才能襯托出雨過天晴、大地如洗的美好。

老練的管理者在這個問題上，既勇於發火震怒，又有善後的本領；既能狂風暴雨，又能和風細雨。當然，儘管發火施威有緣由，畢竟發火會傷人，甚至會壞事，管理者對此還是謹慎對待為好。

管理者適度發火，這是需要的，特別是涉及原則問題或在公開場合碰了釘子時，或對有過錯者說明教育無效時，必須以發火壓住對方。況且管理者確實為員工著想，而員工又固執不從時，管理者發多大火，員工也會明白理解的。

首先，發火不宜把話說過頭，不能把事做絕，而要注意留下感情補償的餘地。管理者話語出口一言九鼎，在大庭廣眾之下，一言既出，駟馬難追，而一旦把話說過頭則事後騎虎難下，難以收場。所以，發火不應當眾揭短，傷人之心，導致事後費許多力也難挽回。

其次，發火宜虛實相間。對當眾說服不了或不便當眾勸導的人，不妨對他大動肝火，這既能防止和制止其錯誤行為，也能顯示出管理者運用威懾的力量，設定了「防患於未然」的「第一道防線」。但對有些人則不宜真動肝火，而應以半開玩笑、半認真或半俏皮、半訓誡的方式去進行，虛中有實、語意雙關，使對方既不能翻臉又不敢輕視，內心往往有所顧忌——假如上司認真起來怎麼辦。

另外，發火時要注意樹立一種被人理解的「熱心」形象，要大事認真，小事隨和，輕易不發火，發火就叫人服氣時間長了，管理者才能在員工中樹立起令人敬畏的形象。日常觀察可見，令人服氣的發火總是和熱誠的關心幫助串連在一起的，管理者應在員工中形成「自己雖然脾氣不好但心腸熱」的形象，從而使發火得到人們的理解和贊同。

管理者發火的目的之一是顯示威信，但要注意重發火的程度。發火總是會傷人的，只是有輕有重而已。管理者對不同的下屬要把握好度，發火傷人之後更要及時善後。以防施威未成反招下屬怨恨。

距離產生威嚴

作為一名管理者，有著自身應有的威嚴。我們常說要跟員工搞好關係，但是並不是越平易近人，越和員工打成一片，甚至稱兄道弟就越好。

為了樹立管理者的權威，管理好員工，也需要把握好尺度。如果你是管理者，請你回想一下，你是否經常與你的員工共同出入各種社交場所？你是否對你的某一位知心員工無話不談？你的員工是否當著其它人的面與你稱兄道弟？如果已經出現了上述幾種情況，那麼危險的信號燈已經亮了，你需要立即採取行動，與你的員工保持一定的距離，不可太過於親密。

俗話說得好：有距離才有美。適度的距離對你是有好處的。即使你再「民主」，再「平易近人」，也需要有一定的威嚴。當眾與員工稱兄道弟只能降低你的威信，使人覺得你與他的關係已不再是上下級的關係，而是哥們了。於是其它員工也開始對你的指令不當一回事。隱私對於每一個人來說都是必要的和重要的，讓你的員工過多地瞭解你的隱私對你來說只能是一種潛在的危險。你敢肯定他哪天不會把你的祕密公之於眾嗎？你能確定他不會利用你的弱點來打倒你嗎？這實在是太可怕了。你可以是員工事業上的夥伴，工作上的朋友，但你千萬不要與他成為「哥們兒」。

在日常的管理中，你是否會聽到員工這樣議論你：經理這些天是怎麼了，前天還與我們有說有笑的吃晚飯，今天又把我叫到辦公室給訓了一頓，一會兒把我們當朋友，一會兒又要做我們的主管，真沒想到他在獲得提拔後這樣對待我們，太令人失望了。

管理者與普通員工等級還是有別的，扮演的角色更是截然不同。作為一名管理者，最不討好的事情就是糾正員工的行為，尤其是在工作進展不順利時。如果你一方面想當員工的好朋友，另一方面又想當好主管，同時想扮好這兩個角色只會讓你吃力不討好。你的員工會對你的「兩面派」行為懷恨在心，而上司則會怪你辦事不力，你只好兩頭受氣。

在一個工作群體中你由普通員工提升為主管，你就得管理過去的同事。這種處境確實令人尷尬，你會覺得壓力不小。如何處理好這種微妙的關係呢？比較理想的做法是：

一、召集所有的員工開一次會。用誠懇的語言表明你作為一名管理者所堅持的立場，在某些方面可能會做出令他們不樂意接受的規定和要求，也許你並不贊同，但你不得不去做，清楚地讓員工們認識到你們之間的新關係。

二、積極努力地表現自己，向員工們證明自己是有能力、有熱情的。當你犯錯誤時也不要遮遮掩掩、不懂裝懂，而是坦率承認，知錯就改。

三、不要再介入是非長短的閒聊，因為你現在的工作是支援團隊中的每一個成員。

四、不要將自己管理者的角色扮演得過火，與過去的同事作出沒有必要的疏遠。一口官腔，一副高人一等的姿態，只會使你與員工之間產生不和，不利於工作的展開。

總之，如果你是一名管理者，不論是新上任的，還是做了很多年的，你都應該擺明自己與員工的位置。無論如何，如果你要維護自己的權威，更好地管理好你的屬下，你就應該跟他們適當地保持距離。

對下屬恩威並用

日本有位企業家總結他的經驗說：「打一巴掌後給個甜棗吃。」意思是對部下施威、批評或者責罰，使他對自己的錯誤有所醒悟，待他的愧疚心平息下來，又要恰當地給他一點甜頭安撫他，引導他朝正確的方向走。

我們既然把管理者的發威比喻為「火攻」，也可以把管理者的施恩視為「水療」，水火並進，雙管齊下，因人因事而採取相應措施。

管理者應當十分清楚，批評或責罰應該根據事實，就事論事，要有充分的理由，而不應胡亂地施威。施威之後，要給員工一段時間檢討自己的行為，真正地做到與錯誤說再見，然後還要有計劃地做收服人心的工作。這時不妨把自己認為有威信的部下找來，與他做深入長談，談話時態度要真誠自然，讓他感受到你確實是器重他，倚仗他達到與員工的交流。

管理者只需透過這些中間人的傳播作用來穩定民心，而不必直接出面。由有威信的中間人將管理者的意圖代為轉述，每個員工都會反應過來：「原來上司也不是冷酷無情的。」他們也許會想到：好好做仍有升職加薪的機會。努力吧，管理者也許會因為我的工作能力對我另眼相看。

可見，管理者的「火攻」是強硬的一手，鎮住了局面；再透過「水療」把恩澤緩緩傳遞下來，浸潤到各個員工心中。恩威並舉，令員工不得不佩服你的手段。

權威並不是萬能的，善於施威的管理者深知「威」雖對眾人而發，但這對個別人而言，又有不同的做法。員工中確有出色的人才，這種「千里馬」是不能重鞭的，對於好勝心特別強的人，對於能力非凡而又極賦反抗精神的人，就不能再用權威壓制他們了。

「過猶不及」，有的人用高壓是無法使之屈服的，這時就要演示給他看：我對許多人是採取強硬態度的，但對你不同，因為你特別出色。講義氣、好勝心特別強的人也極敏感，一旦接受到這種訊息，他們就以「士為知己者死」的態度來回報你。

有威懾力的管理者一般決斷力強，辦事爽快果斷，常常是一字千金，憑這一點就能使人折服。員工也會因為佩服你而不自覺地向你靠攏，感染上你的風格。

古今許多用人實踐證明，剛柔相濟遠勝於剛柔偏廢，如同人的身體構造，有堅硬的部分——手、腳、骨骼等，也有柔軟的部分——肌肉、軟組織等，二者的有機結合，人才能靈活自如地從事多種活動。

南越王趙佗，原來是秦朝派到廣東、廣西管理南方的地方官，秦朝滅亡後，他自立為王。漢高祖平定天下後，不願再動刀兵，對他實行了安撫政策，仍任命他管理南方，並給他一些賞賜，這種懷柔政策使漢朝的南疆及偏遠地區長期得以安寧穩定。可是呂后執政後，卻將南方視為蠻族，並制定一些民族歧視或壓制的政策，激起趙佗起兵造反。呂后派兵征討，結果因南方氣候潮濕酷熱，瘟疫流行，漢軍作戰屢屢失敗。漢文帝即位後，重視恢復推行安撫政策，除給趙佗許多賞賜外，還給他的親屬加封官職，使趙佗深受感動，自動廢除了王號，並上書請罪，發誓永遠誠心向漢朝稱臣。

當管理者硬的方法行不通時不妨用軟的。兩者交替使用達到維護自身威信的目的。

第三篇

該出手時要勇於出重拳

每個部門都會有那麼一些「麻煩」的人物，
什麼時候都可能會出現嚴重危害管理局面的問題，
對此，管理者來不得半點猶豫，
要勇於出手，而且一出手就要出重拳，
力求一擊而中，一擊而讓其永不抬頭。

該果斷時絕不可猶豫

管理者必須果斷，一旦判斷的基本訊息已經具備，就要在準確判斷之後立即決斷，猶豫不得，該下手時，一定不能手軟。如果寬仁不斷，則必受其亂。

某有限公司的總經理，私慾膨脹，在親自負責銷售工作的幾年中，不僅拿回扣，而且為把兒子安排到某部門上班，不惜動用業務款幾十萬元當業務交際費，慷慨地大送人情。在企業內部，獨斷專行，重用親信，壓制打擊不同意見者，排擠有水準、有能力的幹部。企業生產失控，產品賣不出去而積壓在倉庫之中。這位總經理文過飾非，不只有對外嘩眾取寵，而且對上說大話、阿諛逢迎、推卸責任以嫁禍於人，在群眾中影響極壞。企業幾年之內，虧損數千萬元之多。

公司職員事調整之後，新換了一位董事長。這位董事長有著非常豐富的工作經驗，為人仁厚，也有水準和能力。由於在該公司中，那位總經理掌管了多年生產技術，而別人都不如他的經歷長，所以董事會仍然用他擔任公司總經理。

一開始，總經理熱情積極，工作也著實處理很好，也很討董事長歡心。但由於改變公司經營狀況，勢必要涉及到過去的遺留問題。因此，可以推想，管理工作是難於理順的。而且總經理本性難改，舊的思想意識和工作作風很快又在經營管理活動中表現出來了。董事長勤於公司事務，當然很快就有所覺察。但他只是採取私下交換意見的方式，與總經理討論分析。這樣說明的結果，他又覺得總經理的作為可以理解，而別人對總經理的不滿意見是極有成見的反映。於是，就開始了長達幾個月的會上和會下的協調。但是，公司經營卻不見起色。注入的幾千萬元資金快用完了，生產和市場未見實質性的好轉。

董事長在出任董事長之前，曾專門請了一位顧問。按這位顧問的計劃：首先確立公司新的發展策略；隨後培訓管理幹部，統一思想觀念，提高士氣，振奮精神；再後，調整機構，健全企業執行機制，完善有關規章制度；最後，即董事長任職後約六個月的時候，實質性地調整人事和幹部隊伍，主要是中上層管理幹部。這種安排是從該企業的歷史和現狀出發的。

由於總經理的所作所為，到了董事長任職三個半月的時候，儘管公司忙碌中於理順機制和規章制度，但是那位顧問沉不住氣了，在深入調查研究之後，明確地向董事長建議：換掉總經理。作為一個企業顧問，提出這樣的建議，本身就是慎而又慎的事情。可見事情的嚴重性。

董事長同意顧問提出的所有問題和所有分析，但就在「換掉總經理」的決斷問題上下不了決心。董事長對顧問說過這樣一段很動感情的話：「你看他（指總經理）熬了一輩子，好不容易才熬到這個地位上。如果把他撤掉，他這一生就前功盡棄了。這對他是個很大的打擊，我們也不忍心那樣去做。你看他都五十八歲了，還有兩年就退休了，還是等兩年吧，也讓他畫上一個完美的句號。」

董事長的這番話，說得何等動人。他的心真的太仁慈了！

然而，由於企業經營迅速下滑而不見起色，董事長被母公司撤掉了，為此他也失去了在母公司高階主管眼裡的地位。

不奇怪的是，在董事長受到母公司上層批評的過程中，那位總經理上竄下跳，大說董事長的壞話，把一切責任全推到了倒霉的董事長身上。

當然，那位心術不正的總經理，也沒有能逃脫失落的命運。他離退休還有一年半也被毫不留情的被換掉了。這個案例表明，判斷雖然是果斷的起點，但判斷正確仍然取代不了決斷的英明。

這裡有個很重要的問題，就是管理者心理狀態和觀念。那位董事長有判斷力，但由於受限於寬仁之心，該採取行動時卻猶豫不定，以致姑息養奸，養虎為患。

以明確態度糾正下屬的錯誤

對於下屬所犯的不該犯的錯誤，管理者必須強硬地表明態度，必要時該板起面孔訓斥就不能模棱兩可。因為下屬會從你的態度中擷取訊息，決定自己是儘快改正錯誤，還是得過且過，甚至依然故我。

有時你以平和的口吻對下屬說話，對方卻誤以為你在與他交換意見或開討論會。若部屬的年齡與你相仿，情況可能更加難以處理。甚至下屬會認為你與他是平等的，你們只是朋友的關係。你必須使部屬清楚區分你們之間的立場並不相同。基於此，情緒性的發怒會有其正面的效果。你必須使對方瞭解「我是在生氣，是在責罵你」，或許這時你更需要一記相應的猛拳。如果你突然怒罵一位尚未習慣於被叱責的下屬，則可能使對方覺得愕然。他會感到極端地害怕，甚至反抗：「這種公司我待不下去了。」

曾經有這麼一個例子：一位被公司派到外地出差的新進職員，每次出差都需要母親隨侍在旁，這是父母親過度保護造成的結果。像這種人即使受到些微小的挫折，也會想要離開所處的環境，以避免接觸煩惱。像這種職員，一旦離職，你會因此而被他人批評：「就是因為上司不好，才會使他待不下去。」相信你的內心不會好受；若你能用心栽培他，或許有一天他會成為公司的中堅分子。因此，儘量避免下屬辭職較妥當。那麼，此時你該如何處理呢？

不習慣被責罵的年輕人，當然也不習慣向他人道歉。在工作場所中即使他對你中傷，他也不會對你表示歉意。即使他內心非常後悔，他也不會表現出來。

通常上司責備部屬時，若部屬表示歉意，叱責就會適可而止；若部屬永遠保持沉默，或者淨是說些毫無道理的藉口，上司會更怒火中燒。一旦演變至此，上司的責罵會超越界限，永無休止。只要你發現「這小子很狡猾」時，就不要窮追不捨了。否則你會弄不清楚自己是為什麼而發怒。

有些部屬不習慣被責罵，有的甚至要求上司誇獎自己，他們會若無其事地說：「我是那種不被別人捧就沒有幹勁的人，若被責罵的話，定會想辭職不做！」

這類型的部屬其實就是將自己的個性隱藏起來，當然也掩藏自己應負的責任。他們卑怯，卻又要求他人不能叱責只能讚揚，他們自私自利、好逸惡勞。若聽到有人說：「這兒的水好喝！」他一定會搖著尾巴狂奔過去。

若你的手下中有這種類型的人時，你必須在平常便預備好各種叱責的方法，並且努力使他瞭解你真的很重視他。

一般說來，非常討厭被責罵的人，總無法瞭解被叱責始於何事，以及將以何種方式結束，他就是害怕這一點。因此，當你對屬下說：「你來會議室一下。」花上個三十分鐘，你一面聽他的辯解，一面指出他的犯錯之處，而在叱責之後，就應該以「今後要更加小心」這句話來做為結束。

這類叱責的方式在使用數次之後，通常被責罵的人就能事先做好準備。即使在被叱責時，也能暗自忖度：「再忍耐十五分鐘就可告一段落？」若部屬能夠達到此境界，他再也不害怕叱責了。

被叱責的機會增加，部屬甚至能夠分析經理們的習性，比如「那位主任相當重視批評意識」，「對於顧客抱怨的處理很敏感」及「似乎極端厭惡遲到」等等。

叱責他人是件苦差事，被叱責者更不好受。但叱責對雙方而言，是一個很好的成長機會。你應該盡可能地將叱責提升為更進步的重要臺階。

隨著叱責機會的增多，你會成為叱責高手，而對方亦能成長為一位能夠適當應付叱責的職員。

換句話說，叱責與被叱責的「呼吸」會漸漸地融合成一體。此「呼吸」在任何場合皆扮演重要的角色。它在人與人的交往上，是一個不可欠缺的互動關係。若不充足，人與人之間的對話會變得不投機，永遠無法瞭解對方的用意。交涉、折中、討論、辯解、質問、謝罪等等，皆是由於「呼吸」的融合才有其正面意義。若欠缺「呼吸」，叱責就失去了意義，你將因此錯失難得的成長機會。

當人們認真向對方興師問罪時，才會說出真心話。叱責者也好，被叱責也好，若雙方皆能以誠心來溝通，相信可以更加加深彼此的理解程度，對於往後的一切事物，亦能產生相當大的助益。若能將此機會視為仇恨，則相當令人惋惜。

「雖然有些不放心，但是已經叱責過，相信他應該能理解了！」當你有此念頭時，叱責行為便可打住。然後最好在一旁默默觀察屬下的反應，再思考對策。

叱責時，即便屬下沒有作適當的回應，你也不要生氣，也許他已經在反省，並且改善自己的工作態度。有時，下屬理解的程度，通常會超乎你的想像。

即使如此，你的內心依然感到不安。你的屬下會繼續做相同的事情，應毫無問題，但若有一天下屬被調到其它部門服務時，會不會無法適當地處理客人的抱怨？然而凡事並非全如你所想的那麼困難，理應不會發生這種狀況。

以前那位輕易提出辭職的屬下，在習慣了工作的性質，累積了豐富的經驗之後，成為一位能夠圓滿解決各種問題的上班族，此類例子屢見不鮮。

當然，身為現代管理者不要太鑽牛角尖，不要雞蛋裡挑骨頭嘮嘮叨叨說個沒完，只有保持一定的理性，才是上策。

原則問題上不能做牆頭草

什麼時候、什麼部門都有少數的「麻煩」員工，他們不服從管理、我行我素，有的還以敢與主管對抗而自鳴得意。對這樣的人，管理者要敢下狠手，必要時當機立斷、嚴懲不貸。

日本伊藤洋貨行的總經理岸信一雄是個經營奇才，但他居功自傲，不守紀律，屢教不改，董事長伊藤雅俊最終下決心將其解僱，以一儆百，維護了企業的秩序和紀律。

戰功赫赫的岸信一雄突然被解僱，在日本商界引起了不小的震動，輿論界也以輕蔑尖刻的口氣批評伊藤。

人們都為岸信一雄打抱不平，指責伊藤過河拆橋，將三顧茅廬請來的岸信一雄給解僱，是因為他的東西給全部榨光了，已沒有利用價值了。

在輿論的猛烈攻擊下，伊藤雅俊卻理直氣壯地反駁道：「秩序和紀律是我的企業的生命，也是我管理下屬的法寶，不守紀律的人一定要以重處理，不管他是什麼人，為企業做過多大貢獻，即使會因此減低戰鬥力也在所不惜。」

岸信一雄是由「東食公司」跳槽到伊藤洋貨行的。伊藤洋貨行以從事衣料買賣起家，所以食品部門比較弱，因此伊藤才會從「東食公司」挖來一雄，「東食」是三井企業的食品公司，一雄對食品業的經營有比較豐富的經驗和能力，有幹勁的一雄來到伊藤洋貨行，宛如給伊藤洋貨行注入了一劑催化劑。

事實上，一雄的表現也相當好，貢獻很大，十年間將業績提高數十倍，使得伊藤洋貨行的食品部門呈現出一片蓬勃的景象。

從一開始，伊藤和一雄在工作態度和對經行銷售方面的觀念即呈現出極大的不同，隨著歲月增加，裂痕愈來愈深。一雄非常重視對外開拓，常多用交際費，對下屬也放任自流，這和伊藤的管理方式迥然不同。

伊藤是走傳統保守的路線，一切以顧客為先，不太與批發商、零售商們交際、應酬，對下屬的要求十分嚴格，要他們徹底發揮他們的能力，以嚴密的組織作為經營的基礎。伊藤當然無法接受一雄的豪邁粗獷的做法，伊藤因此要求一雄改善工作方法，按照伊藤洋貨行的經營方式去做。

但是一雄根本不加以理會，依然按照自己的方法去做，而且業績依然達到了水準以上，甚至於有飛躍性的成長。充滿自信的一雄，就更不肯修正自己的做法了。

他居然還明目張膽地說：「一切都這麼好，說明這路線沒錯，為什麼要改？」

為此，雙方意見的分歧愈來愈嚴重，終於到了不可收拾的地步，伊藤看出一雄不會與他合作，於是乾脆痛下殺手把他解僱了。

對於最重視紀律、秩序的伊藤而言，食品部門的業績雖然持續上升，但是他卻無法容許「治外權」如此持續下去，因為，這樣會毀掉過去辛苦建立的企業體制和經營基礎，也無法面對手下的眾多下屬。

領導者對害群之馬的管理要堅決，不能拖泥帶水，必要時不妨採取威迫術。

現代人的反抗心理非常強，不服從權威的情緒很高漲，因此，只要具有現代化素質的人，就很難讓其產生恐懼心理，反而會刺激他們的反抗意識。特別是在年輕的下屬身上可以看出，使用方式不當，有時反而會被他們威迫你，以致局面無法收拾。

威迫的手段雖然很少用，但是到了迫不得已的時候，必須徹底消除對方的抵抗意志，否則不會有什麼效果。

因此，運用此法時要按照以下絕招履行：

第一、明確威脅手段的缺點

威脅手段的缺點就在於能累積不安與不滿，無法發洩的不安與不滿的感覺不斷累積，終於形成無法控制的力量，而爆發出來，事態致此將無法收拾。

第二、以平時穩妥統御為主

這種威脅手段說到底是一種權宜之計，是迫不得已時才採用的應付危機的手段，因此平時則要用良性的統御方式，儘量減少危機的累積以及最後爆發。

第三、採取威脅手段之後，立刻採用應對的政策和手段

總之，威迫也好、嚴懲也好，要採取適當的手段讓害群之馬不要抱有僥倖心理，從而把整個的局面納入到正確的管理軌道上。

以有效方法讓狂傲者俯首聽命

有些人自恃有某些方面專長和能力，待人接物狂傲不羈，看不起同事、不尊重主管，遇到問題自以為是。對於這樣的人，管得好可以成事，管不好也足以敗事。

狂傲者往往自命不凡，以為自己是曠世之才，前無古人後無來者。如果一個下屬狂妄到了這種地步，那真是叫管理者頭痛。在一般情況下，狂傲與狂妄是很難分辨的。

大凡恃才傲物的人都有如下的特性：

一、把自己看得很了不起，別人都不如己，有一種捨我其誰的感覺。說話也一點不謙遜，甚至常常硬中帶刺，做事也我行我素，對別人的建議不屑一顧，自信心特別強，甚至於可以說是自負。

二、恃才狂傲者大多自命不凡，好高騖遠、眼高手低，即使自己做不來的事，也不願交給別人去做。

三、恃才狂傲者往往性格古怪，喜歡自我欣賞，聽不進也不願聽別人的意見，不太喜歡和別人交往，凡事都認為自己對，對別人持懷疑態度。

與這種下屬相處，管理者在掌握了他們的心理後，就要有的放矢，採取有效的方法來和他們接觸。

一、用其所長，切忌壓制打擊或排擠。恃才狂傲之人，大都有一技之長。因此，管理者在看到他不好的一面時，一定要有耐心地與他相處，要視其所長而給以任用，絕不能因一時看不慣，就採取壓制的辦法，把他擱在一邊不予重用。

否則，只會讓其產生一種越壓越不服氣的逆反心理，在需要用他的時候，他就可能故意拆你的台。因此，管理者每碰到這種人，就要想想劉備為求人才「三顧茅廬」的故事，畢竟你是在為整個企業的利益，而不是為你個人的利益在求他。因此，在這種人面前即使屈尊一下也不算掉格。

二、有意用短，善於挫其傲氣妄念。狂傲之人雖然在某些方面某個領網域內才能出眾，但他仍有他的不足和缺陷。因此，管理者可利用這點來讓他自己看到自己的不足，以自我反省，減低自己的傲氣。

譬如，安排一、兩件做起來比較吃力估計完不成的工作讓他做，並在事先故意鼓勵他：好好做就行，失敗也沒關係的。如果他在限定的時間內做不出，仍然安慰他，那麼，他就一定會意識到自己先前的狂妄是錯誤的，並會從此改正。

狂妄之人，一般對自己說過的話不負責，信口開河，說自己樣樣都能，其實他能做的也只一兩個方面。這時你不妨抓住他吹噓的話，說這件事情全公司職員都做不來，只有他行。而給他的恰恰是他陌生或做不好的事情。他遭到失敗是在情理中的，失敗之後，同事肯定會嘲諷他，令他難堪，這時作為上司的你要安慰他，不要讓他察覺出你是故意讓他出醜，這樣他就會信服，雖然不可能徹底改掉狂傲的脾氣，但你以後使用這種人時就順手得多。

三、勇於承擔責任，以大度容他。恃才狂傲的人由於總認為自己了不起，因此，做什麼事都顯得漫不經心，以表現出自己是多麼有水準，隨便就可以把一件工作做好。所以，常常會因這種思想而把交給他的事情辦壞。這時候，作為上司切不可落井下石，一推了之，相反，要勇敢地站出來替他承擔責任，幫他分析錯誤的原因。這樣，他日後在你面前就不會傲慢無禮了，他會用他的才能來幫助你工作。

對待狂傲者不能示之以弱，也不能一味用強，要以足夠的管人智慧找到讓他俯首聽命的有效方法。在這裡，方與圓的真義得到了極深刻的表現。

大膽揮起「解僱」的殺手

解僱是管理過程中的終極手段，一般管理者不會輕易使用。但不可否認的是，一般員工對於「解僱」比較敏感，從某種程度上說多數人害怕被解僱。那麼，管理者何不積極利用員工的這一心理，適時地揮起這根殺手呢？

對於這一原則運用得比較成功的是聞名世界的傳媒大亨默多克。如果為了生意上的需要而必須解僱或冷落某個人時，默多克會毫不猶豫地去做——他做決定，請他們走路，就是這樣。而且只要他認為自己能贏得競爭，就一定會用盡一切手段來達到目的。

默多克對人的管理以無情出名。這種無情似乎是一項令人詛咒的罪狀，但實際上並非如此。只要你能告訴人們有哪個首席執行長（CEO）不是無情的，其它人就能舉出這個首席執行長在工作中的不足之處。無論是誰，無情是身居要職必備的條件之一。

為新聞公司這樣高速運轉的公司工作確實讓人感到興奮，但沒有人會覺得為魯伯特・默多克工作是件容易的事情。在新聞公司上班絕對不輕鬆。

魯伯特・默多克被競爭對手形容成一個「令人害怕的食人妖」，認為他只會簡單地運用恐懼來激發員工的工作熱情。毫無疑問地，默多克確實把恐懼當成激發員工積極性的方法之一。

《週日時報》前任編輯安德魯・尼爾曾經寫過一篇描述默多克激發員工積極性的文章，他在這篇名為《魯伯特式的恐懼》的文章中寫道：「魯伯特王國的大臣們為了繼續保有職位，必須擅長揣摩主子的心思，並順著主子的興趣行事。」但如果這些大臣們為安德魯・尼爾或其它任何人工作的話，同樣也必須如此。這是根本無法避免的模式。

默多克對人的管理和對事的管理同樣無情，兩者之間沒有中間地帶，員工要麼做出成績，要麼就被解僱。默多克說：「對人的管理應和對公司資產的管理一樣嚴格，否則對人和對事業都會造成不利影響。如果有人以任何理由不工作的話，就應辭退。」

安德魯・尼爾認為這和默多克樸素的蘇格蘭清教徒背景有關。「默多克不願意花太多精神搞那些億萬富翁的無聊玩意。雖然他在世界三大洲都擁有漂亮房子，但他的生活仍然很樸素，飲食非常簡單，也不豪飲狂歡，寧願搭計程車也不願坐豪華私家轎車。」尼爾在自傳中寫道，「他喜歡獨來獨往，經常一個人旅行，他花了一些時間學會了自己駕駛專機，以滿足他不斷周遊世界的需要。」默多克維護自己的財富、他的家庭和他的感情。安德魯・尼爾說道：「真正和他親近的人只有他的妻子、子女、他的妹妹海倫和他的母親。他沒有真正的朋友，他不讓其它任何人和他保持親近，因為他不知道什麼時候就會把矛頭指向他們。」尼爾確實有資格說這樣的話，因為他自己也是默多克後來用矛頭對準的對象之一。

但過去被默多克解僱的這些員工中，很少有人和他決裂的。有一篇文章寫道：「他不能容忍錯誤。默多克先生曾經開除四十位以上的發行人和編輯，內含他父親最好的朋友和美國最成功的編輯之一克萊・費爾克。但由於解僱的原因不是憤怒或嫉妒，因此員工士氣似乎沒有因此而受到影響。默多克先生總是能夠使員工相信這些被解僱的人其實仍然很優秀，只是當時不很適合這個工作而已。」

時至今日，仍有不少管理者認為動輒解僱員工的行為不可取，當然，不同的企業文化對於「解僱」的態度截然不同，但應該肯定的一點是，在市場競爭如此激烈的時代，每個人都應為自己的飯碗負責。如果你不願被解僱，那就要拿出相應的工作成績，這也正是揮起「解僱」這個殺手棒的目的所在。

在「藉口」上做文章

我們常常發現，有些員工由於自恃有一定專長，或短期內很難有人能替代他的工作，或自恃與公司大客戶關係良好，往往難以管束，視公司規章如無物。對於這種人，一定要實施嚴格的管理，甚至可以找一個「藉口」來給他一點警告，以讓他知趣改過。

對於企業的重點人物即使只有發現一些類似的苗頭，也要及早採取行動，在「藉口」上做一做文章。在這方面，我們可以從老祖宗那裡學習些經驗。

西漢時開國功臣蕭何一生永遠謙恭謹慎，不矜功，不伐能，不圖名，不爭利；善於體察君王心意，委曲求全；甚至不惜以自污的方式化解主疑；他總是戰戰兢兢、如臨深淵、如履薄冰地忠主敬業。但即使如此，他在晚年還是蒙受了一次無端的冤屈。

有一次，蕭何向高祖上了一道奏章，說由於長安都城人口增多，田地不夠耕種，請求把上林苑的荒廢空地撥給百姓開墾，既可以收穫些糧食補充民用，豆麥稈葉還可作苑中禽獸飼料。哪知漢高祖看了奏章以後，卻懷疑他是有意討好百姓，收買人心，便怒氣沖沖地把奏章往地上一擲，罵道：「相國一定是受了商人的財貨，居然敢來請我的上林苑地。這還得了！」立即傳令把蕭何抓起來，關進大牢內。

可憐的蕭何二十多年如一日地兢兢業業做事，謹慎小心地做人，多次化解了高祖的猜疑之心，不料到了鬢髮斑白的時候居然禍從天降，心中感到無比的冤悶！但蕭何深知高祖的為人，因此，他越是處在這樣的時候，越是冷靜，虛中自守，不上訴，不辯解。他知道，過不了幾天，高祖就會放他出去的。

幾天以後，一位姓王的衛尉當值。他見高祖背墊著枕頭半躺著，心情比往日好些，便上前跪問：「陛下，相國犯了什麼大罪，被關進監獄？」高祖說：「朕聽說李斯作秦始皇的丞相，凡有善行就歸功皇上，有惡行就自己承擔。可是蕭何竟然私受商人的錢，為他們請我的上林苑去討好百姓，收買人心。所以應該治他的罪。」

王衛尉說：「陛下，臣以為蕭相國無罪。宰相的職責是為民興利，蕭相國請開墾上林苑荒地正是他應盡之責。陛下怎麼懷疑他是收受賄賂討好百姓呢？況且當初陛下與項羽相爭數年，隨後又出討陳稀、英布的叛亂，每次陛下出征在外，都是相國留鎮關中。如果相國有二心的話，只要他當時稍一動作，整個函谷關以西早就不是陛下的了。但相國卻從來不貪圖私利，永遠忠於陛下，難道今天反而貪求商賈的那點錢財麼？至於秦始皇，他正是因為不聽臣下批評，一意孤行才亡了天下。李斯就是能為他承擔過失，又哪裡值得效法呢！陛下未免把相國看成淺薄小人了。」

其實高祖當然知道蕭何素來謙恭，只不過藉口挫辱他一下，顯示一下自己的權力，敲山震虎，樹立自己威嚴，並未真想治蕭何的罪。但此心思怎好讓人知道呢？高祖聽完王衛尉一席話，嘴上自然不便說什麼，沉默了一會，便命派使者持節將蕭何赦免出獄。

蕭何出獄後來不及回家換洗，便衣衫邋遢，光著腳丫子跌跌撞撞地進宮謝恩。高祖說道：「相國大可不必多禮了。相國為民請求墾種苑中荒地，我不容許，我不過是夏桀、殷紂那樣的君主罷了，相國才是賢相。我關押相國，就是想讓百姓知道我的過失啊！」蕭何趕緊磕頭稱謝退去。從此，蕭何行事更加恭謹了。

在這裡蕭何事實上有無收買人心的企圖是次要的，重要的是，透過這一捉一放，蕭何以後是絕對不敢有圖謀的企圖了，這也正是管人高手劉邦的真正目的所在。從這一事例我們也看出，現代企業管理過分講究科學的一面，而對這種結合個人心理尤其是中國人心理的管理方式往往給輕易的忽略了。

不妨遷就一陣、威懾一次

有些下屬業績好、功勞大、資格老，憑藉這些，他們可能盛氣凌人，不可一世。這類型人往往四肢發達，頭腦簡單，屬於急性子，躁脾氣。對待這種下屬，需要肯定他的成績，適當安撫遷就，但也不能一忍再忍，一讓再讓，否則，他可能會忘乎所以，替企業帶來不必要的麻煩。

我們熟知的唐太宗李世民在管理這類下屬方面有其獨到的做法。

尉遲敬德依仗自己有功，便驕傲放縱自己，經常盛氣凌人，招致同僚們不滿。曾有人告他謀反，唐太宗倒不輕信，找來問詢是否當真。敬德說：「臣隨陛下討伐四方，身經百戰。如今倖存者，只有那些刀箭底下逃出來的人。天下已經平定，臣子會謀反嗎？」說著把衣服脫下扔在地上，露出身上的累累傷痕。唐太宗李世民只得好言好語安慰敬德一番。

但尉遲敬德驕縱成性，畢竟難改。一次太宗大宴群臣，尉遲敬德和在座的人較短長，爭論誰是長者，一時性起，竟然毆打了白城王李道宗，弄瞎了道宗的一隻眼睛。皇上見敬德如此放肆，十分不悅而罷宴。唐太宗便對敬德說：「我要和你們同享富貴，而你卻居功自傲，多次犯法。你可知古時韓信、彭越如何被殺？那並不是漢高祖的罪過。」尉遲敬德這才有些懼怕，從此以後，行為才有所收斂。

像尉遲敬德這樣驕橫卻又正直的人，必須施之以恩，使其感動，但必須抓住其弱點，給予其適當的恫嚇，發揮威懾的作用。為感慨唐太宗李世民馴服悍臣尉遲敬德之事，有詩嘆曰：居功悍將氣凌人，明主恩威馴莽臣。巧借韓彭喻今古，尉遲醒夢汗淋淋。

像尉遲恭這樣的武將，雖正直不阿，但也往往有行為粗暴頭腦簡單的缺點，根據其性情因勢利導施法威懾，還是必需的。唐太宗用得恰如其分。

當一個團隊陷於無序狀態，管理者的指令無法產生效果時該怎麼辦？不妨針對整個團隊進行「甦醒療法」。方法之一便是痛斥一個特定人員。此即「犧牲個別人，拯救整體」的抓典型的做法。如果責備整個團隊，將會使大家產生每個人都有錯誤之感而分散責任；同樣地，大家也有可能認為每個人都沒有錯。所以，只懲戒嚴重過失者，可使其它人員心想：「幸虧我沒有做錯，」進而約束自己儘量不犯錯誤。

古人云，「勸一伯夷，而千萬人立清風矣。」同樣的道理，對眾多不聽話的下屬，你不可能全部懲罰，抓住一個典型，開一開殺戒必可使千萬人為之警覺畏懼，這就是「訓一儆百」之所以有效的道理所在。

春秋時期是個人才輩出的時代，稱得上軍事家的人如過江之鯽。然而，兵家之所以稱得上是先秦諸子百家中的一家，主要是由於有孫武其人。

當時的吳王闔閭是位胸有大志、意欲有所作為的君主。他想使吳國崛起，首要的打擊目標就是近鄰也是強鄰楚國。只有打擊了楚國，吳國才有出頭之日。就這樣，闔閭的意圖與受到楚平王迫害從而全家被殺的伍子胥不謀而合，遂決意對楚一戰。面對強大的楚國，伍子胥也沒有把握必勝，於是他找到了隱居於吳的孫武，認為有了他的幫助，滅楚報仇不成問題。

伍子胥先後七次向吳王闔閭推薦孫武，盛贊孫武之文韜武略，認為若不平楚便罷；若要興師滅楚，孫武首當其選。

吳王決定召見孫武。晤談之下，孫武將他的兵法十三篇與吳王娓娓道來，吳王闔閭還算是個明白人，一聞之下連聲道好。兩人越談越投機，不知不覺十三篇兵法都講完了。吳王還意猶未盡，忽發奇想，想試試孫武的治軍的實際本領如何，於是對孫武說：「先生能不能將您的兵法演習一下呢？」

「當然。」孫武連眉也沒皺一下。

「那麼，用女人當兵也行嗎？」吳王見孫武回答得這樣乾脆，不免生出惡作劇之心，想難為一下他。

「當然。」孫武又是一聲乾脆的回答。

於是吳王從宮中選出宮姬一百八十人，讓孫武操練演兵，自己坐在高臺上看熱鬧，心想看看你這高手怎樣能把這些嘻嘻哈哈的弱質女流訓練成兵。

只見孫武不慌不忙，把一百八十個宮娥分成兩隊，選取相貌最美，也最受吳王寵愛的兩個妃子分任隊長。讓她們身著士兵服，手執兵器，向她們宣布戰場紀律，對她們說：「你們知道各自的心之所在和左右手背嗎？」宮女們答說：「知道。」

孫武認真地告訴她們：「我下令前進，你們則視心之所在，向前。下令向左，則看你們的左手，向左。下令向右，則看你們的右手，向右。」

宮娥們平日嬌生慣養，生平第一次穿上戎裝還發了武器，一時間覺得又滑稽又好玩又新奇，還以為這又是吳王讓自己開心的什麼把戲，所以誰也沒把眼前這位將軍的話當回事。她們亂七八糟地站著，有的盔甲歪斜，有的還用手拄著戟。俗話說三個女的一台戲，這麼多宮女到了一塊，大家說說笑笑，好不熱鬧。

孫武不急不惱，不動聲色。請出軍中執法的斧，令執法官旁立一邊。申令已畢遂下令擊鼓向右，宮女們聞之大笑，誰也不動。又下令擊鼓向左，宮女們笑得更厲害了，隊伍前仰後合，亂成一團。

孫武仍舊不動聲色，臉上看不出任何表情，說：「紀律約束沒講清楚，訓練科目內容交待不明，乃是將之罪過。」於是再次重申紀律，交待訓練要領。然後重新下令擊鼓向左、向右，但是這些慣縱的宮女們仍舊嬉皮笑臉，視同兒戲，有的甚至覺得這位將軍跟她們做的遊戲挺好玩，不妨捉弄他一下。這時，只聽孫武用平靜而懾人心魂的聲音說道：

「紀律交待不清，訓練要旨講不明白，是將軍之罪過。但各項既已三令五申，你們也都清楚，而卻不執行軍令，這就是領兵吏士之罪過了。」接著，他問執法官：「按照軍法，不服從軍令該判何罪？」

「斬！」執法官吐出一個字。

孫武於是下令將兩個隊長斬首。這時，一直在看臺上看熱鬧的吳王闔閭慌了手腳，忙派人下令給孫武說：「寡人已經知道先生能用兵了。這兩個宮姬是我最寵愛的，沒有她們我連飯都吃不香，饒了她們吧。」

孫子正色道：「我已受命為將，將在軍中，君主的指令可以有不接受的。」二話沒說，一揮手，兩個美人的頭顱就落入塵埃。然後他又任命兩個次一點的美人為隊長。

這一下，宮女們嚇得戰戰兢兢，不敢仰視，她們怎麼也沒想到會有這等結果。當孫武再一次發號施令時，兩列隊伍向前向後，向左向右，隊形變換都循規蹈矩，不敢有半點走樣。在操練中，只聞兵器聲、整齊的腳步聲，剛才的嬉鬧喧嘩一點也不見了。操練已畢，孫武還是不動聲色地來到看台，向吳王稟報說：「訓練已畢，請大王檢閱。現在讓她們赴湯蹈火也是可以的。」

吳王心痛得差點沒掉出眼淚來，聞道揮揮手說：「算了算了。將軍回去休息吧，我不想再看了。」

孫武毫不客氣地說：「原來大王只是喜歡兵法而已，並不樂意將其實用。」

吳王闔閭還算是個角色，聽孫武這般說，馬上忍住心痛，改容禮敬孫武。遂下決心用孫武為將，籌備伐楚。

孫武以宮女練兵，不聽者斬。軍中無戲言，也只有以訓一儆百的手段才能震懾人心，使軍士服從指令聽指揮。

抓住癥結才出手

管理者要坐穩位置，達到令出有所從，就必不可少的要採用強硬的手段。有過不誅則惡不懼，然而，誅惡必須要抓住癥結，該等的時候就要不動聲色，等找到癥結的時候再出手。

魏文侯時，任西門豹做鄴都（在河南省）太守。西門豹上任後，見閭裡蕭條，人民很少。便召當地的父老到來，問民間有什麼疾苦，弄成這般！父老異口同聲說最苦就是河伯娶媳婦了。

「奇怪！奇怪！河伯又怎能娶媳婦呢？」西門豹驚訝說，「其中必定有袖裡乾坤，說給我聽吧！」

其中一位說：「漳水自漳嶺而來，由沙城而東，經過鄴都，是為漳。河伯就是漳河之神，傳聞這個神愛好美女，每年要奉獻一個夫人給他，就可保雨水調勻，年豐歲稔，不然的話，河神一怒，必致河水氾濫，漂溺人家。」

西門豹問：「究竟是誰搞的花樣？」

「是那一班神棍搞的。這一帶經常患天災，人民甚苦，對於這件事又不敢不從。每年那班神棍串通一班土豪及衙役，乘機賦科民間幾百萬，除少許作為河伯娶媳婦費用外，其餘便二一分作五，分入私囊去了。」

「老百姓任其瓜分，難道一句話也不說？」

「唉！」父老說：「試問在公勢與私勢的夾迫之下，誰敢說半個不字！何況他們打著為百姓服務的官腔。每當初春下種的時候，那班主事神棍及鄉紳人等，便到處去尋訪女子，見有幾分姿色的，便說此女可以做河伯夫人了。有父母不願意的，便多出些錢，叫去找別一個；沒有錢的唯有把女孩送上。這樣，神棍便領這女孩到河邊的『行宮』住下來。沐浴更衣，然後擇一吉日，把女孩打扮一番，放在一條草墊上，浮在河裡，漂流了一會便自行沉下去做河伯夫人。這樣一來，凡有女孩的人家都紛紛遷徙逃避，所以城裡的人越來越少。」

西門豹一邊聽，一邊眉頭越皺越緊，問：「這裡的水災情況怎樣？」

「還好，自從年年進貢了河伯夫人之後，沒有發生過漂家蕩產的大水災。但究竟因本處地勢高，有地方沒有水源，沒有水災，可又有旱災之苦！」

「好吧！」最後西門豹說：「既然河伯這麼有靈，當娶新夫人的時候，請來告訴我去觀觀禮！」

到時，那幾位父老果然來告訴西門豹，說本年度的新夫人已選出，定期行禮了。

這是一個隆重的日子，西門豹特別穿起官袍禮服，指令全城官紳民等參加。遠近百姓聞訊從四鄉跑來看熱鬧，河邊聚集了幾千人，盛況空前。

一位「媒人」鄉紳，把主事的大巫擁過來了。西門豹一看，原來是一個老女巫，一副了不起的傲態，她後面跟著二十多位女弟子，衣冠楚楚，捧著巾櫛爐香，侍候在左右。

西門豹開口問：「請把那位河伯夫人帶過來給本官看看好不好？」

老巫不說話，示意弟子去把河伯夫人帶來。

西門豹很注意的審視該未來的河伯夫人，見她鮮衣素面，不見得怎樣漂亮，而且愁容滿面的。便對老巫及左右的官紳弟子說：

「河伯是位顯赫的貴神，娶婦必定是位絕色的女子才相稱，我看這位女子，醜陋得很，不配做河伯夫人。現請大巫先去報告河伯，說本官再給他找一位漂亮的夫人，然後改期奉獻給他。」

他一聲令下叫左右衛士把老巫丟下河裡去。左右的人大驚失色，西門豹若無其事地立靜等候。

一會，又說：「老婦人做事太沒勁了，去報信這麼久還不見回來。還是派一位能幹的弟子走走吧！」

又催衛士把為首的一位女弟子拋下河去，不久又說：「連弟子都不回話了，再叫一位去！」

連續拋了三個弟子落去，一個也沒有回頭。

「哦！是了。」西門豹還像演戲一樣，說：「他們都是女流之輩，不會辦事的，還是請一位能幹紳士去吧！」

那紳士方欲懇求，西門豹卻大喝一聲：「毋容推搪，速去速回！」

衛士於是左牽右拉，不由分說，「咚」的一聲，將紳士丟下河裡去，濺起一陣水花，旁觀者皆為吐舌，靠近的不敢出聲，遠站著的在交頭接耳。

只見西門豹整衣正冠，向河裡深深作揖叩頭，恭敬等候。過了好一會，他又埋怨道：「這位鄉紳簡直洩氣之至，平日只曉得魚肉鄉民，連這點小事都辦不來，真是豈有此理！算了也罷，既然他年老不濟事，你們這班年輕的給我走一走！」他順手向那班衙役裡頭一指。

嚇得他們面如土色，汗流浹背，一齊跪下去，叩頭哀求，淚流滿面，都像打擺了發冷一樣。

「且再待一會吧！」西門豹自言自語說。

又過了一刻鐘光景，西門豹感嘆一聲，對大家說：「河水滔滔，去而不返，河伯安在？枉殺民間女子，你們要負起全部責任！」

「啟稟老大爺！我們是被騙的，全是女巫指使！」眾人異口同聲說。

西門豹正色斥責起來：「好人又怎會跟壞人做壞事？今日姑且饒你們一次，給你們重新做人機會！」「多謝大老爺！」「可是，今朝主凶的神棍已死，以後再有說起河伯娶婦的事，即令其人做媒，往河伯處報訊！」

因此，把這班助巫為虐的財產沒收，全部發還給老百姓，將那批女弟子配給年長的王老五做老婆。巫風邪說遂絕，逃避他鄉的居民亦紛紛回故裡安居。

這一段故事把西門豹誅惡的過程演繹得活靈活現，我們看到，作為一個剛到任的管理者，西門豹迅速找到問題的癥結所在，對製造問題的「首惡」採取了嚴懲不赦的果斷舉措，效果立現。由此可見，管理是需要靠一些謀略與技巧的。

第四篇

懂得授權

管理者事無鉅細全部包攬，
固然在某些事情的處理上會產生不必要的紕漏，
但從管理的角度卻是個巨大的紕漏。
因為這會讓所有的下屬都變成缺乏活力和自主精神的應聲蟲。
老闆累死、員工閒死，不懂得授權的管理者會在
「兢兢業業」中把企業或一個部門帶上慢車道。

管理者不能凡事都親力親為

管理者最大的資本是什麼？當然是權力，有了權力，管理者才能實施有效的管理。但是，有不少管理者並不善於恰當地運用手中的權力，什麼事都不放心，都要親自過問。在這種對權力的嚴控中，管理者成了最忙最累的人，而整個管理局面卻又遲遲難以開啟。

美國著名的管理顧問比爾・翁肯（Bill Oncken）曾提出過一個十分有趣的理論——「背上的猴子」。

在這一理論中，「猴子」就是指組織中各成員的職責。

對於任何一個組織來說，每個成員都有自己的職責，當他們加入組織以後，管理者就按照下屬的職責，指派給他們不同的「猴子」。組織成員的工作就是完成自己的職責，也就是餵養自己的「猴子」。

在「猴子理論」中，企業的成功，歸根結底取決於「猴子」的健康。顯然，如果組織成員能夠出色地完成自己的職責，他所餵養的「猴子」就是健康的；但若他無法勝任自己的工作，不能履行自己的職責，他所照料的「猴子」就會生病。「猴子」生病無疑會影響組織的整體競爭力。而要想使「猴子」健康起來，關鍵在於協助員工完成自己的職責，提高其工作能力，或者將其調離，讓能夠勝任的人來承擔這一職責。

然而很多管理者卻在這一問題上跌了跟頭。他們一看到有「猴子」生病了，就迫不及待地把它接過來，親自餵養。他們認為這樣可以使「猴子」儘快康復，殊不知這種做法卻會使更多的「猴子」變得脆弱不堪。

替下屬「背猴子」的做法從眼前來看，似乎使解決問題的速度加快了；但若從長遠的角度來看，管理者直接接管下屬的工作，會阻礙下屬的成長，剝奪下屬獨立解決問題的權利，長此以往，下屬就會喪失解決問題的能力，就會變成事事處處「聽指令、等指示、靠請示」的「應聲蟲」，失去主動性和獨立性。

對於管理者來說，替下屬「背猴子」的行為也會將自己推入一個管理怪圈——當管理者接收了某一部屬看養的「猴子」時，其它部屬或為推卸責任，或圖自己清閒，也會主動將本該自己看養的「猴子」推給主管。這樣，用不了多久，管理者就會陷入堆積如山，永遠處理不完的瑣事中不能自拔，甚至沒有時間照顧自己的「猴子」——實施計劃、組織、協調和控制的職能。

對於一個管理者來說，替下屬「背猴子」的做法是不可取的。管理者親力親為是造成組織工作效率低下的最主要原因。不只有如此，管理者的親力親為還會打擊下屬的工作熱情，甚至造成人才流失。

古人云：「自為則不能任賢，不能任賢則群賢皆散。」用成白話文話說就是，如果管理者事必躬親，就是對下屬工作的不信任，不信任導致不肯放權，凡事都親自出馬，而不肯放權又會進一步加重下屬的不信任感，感覺自己的價值不被承認，最終導致人才流失。

過於做事的主管，往往會導致有才能的下屬流失，剩下的是一群不願使用大腦的庸才，這樣的團隊的戰鬥力可想而知。

諸葛亮是個很好的謀臣，但卻不是一個好的管理者，他「事必躬親，嘔心瀝血」為蜀國之事業奮鬥終生，但卻沒有培養出一個能夠獨當一面的領導團隊，以至在他死後「蜀中無大將」，從而使得國家傾覆。

翁肯的「猴子管理」法則的提出，目的在於提醒管理者，高效的主管就是在適當的時間，由適當人選，用正確的方法，做正確的事。

一個高明的管理者習慣於教下屬如何捕魚，而不是送他一條魚了事。因為他們知道剝奪他人的主控權，去餵養他人的「猴子」，並不能從根本上幫他們解決問題，真正能夠幫助他們的是耐心地教給他們方法並容忍他們在成長中的錯誤。

第二次世界大戰時，有人問一位將軍：「什麼人適合當頭？」

將軍回答說：「聰明而懶惰的人。」

管理者的主要工作是什麼呢？不是替下屬「背猴子」，而是傑出的管理大師們口中的「Find the right way,find the right person to do」，找到正確的方法，找到正確的人去實施。

只有不替下屬「背猴子」，你才能不被「瑣碎的多數的問題」所糾纏，而有充足的時間去思考和處理「重要的少數的問題」。一個成功的管理者不是整天忙得團團轉的人，而是悠然自得地掌控一切的人。

不論是何種層級的管理者，一旦患上了親力親為的「職業病」，組織就危在旦夕了。

首先管理者本人會被「瑣碎的多數」糾纏得無暇顧忌「重要的少數」，從而使組織失控；而每一個組織成員都會被捲入「忙的忙死了，閒的閒得想辭職」的漩渦中，從而失去戰鬥力。更可怕的是，親力親為的職業病還可能使管理者忘掉「讓專業的人去做專業的事」的基本管理原則，從而導致主管的徹底失敗。

總之，管理者越想透過親力親為做好事情，就越會使事情變得一團糟；越想眉毛鬍子一把抓，就越是什麼都難做好，越難提升整個組織的績效。

身為管理者，如果能讓員工獨立去撫養他們自己的「猴子」，員工就能真正地管理好自己的工作。這樣管理者就會有足夠的時間去做規劃、協調、創新等重要的工作，從而使整個組織保持持續良好的運作。

親力親為在某種程度上是一種無能的表現，同時也是對權力資源的極大浪費，為聰明的管理者所不願為、也不屑為的。

不懂得授權就無法成為優秀的管理者

與親力親為相對應，高明的管理者能夠透過向下屬授權實施有效的管理。但是，授權是一個牽一動百的系統問題，絲毫的輕率和盲動都可能造成一系列的麻煩。為此，管理者要圍繞授權做好周密的思考和組織準備。

一、授權應考慮的問題

授權所涉及的遠遠不止是內含向集體成員下達工作，授權事實上內含四個方面，完全正式的授權應把下列所有這四方面內含在內：

⑴意義

意義指的是工作目的與價值，其估價要和個人的理想及標準連結起來。當工作要求與個人信念相符合時，這項工作便變得有意義了。對一個給洋娃娃設計服飾配件的人來說，如果她認為這份工作和她的價值觀相符，也就是說這個工作能給成千上萬名兒童帶來幸福和歡樂，她就會覺得這份工作很有意義，而對另一位做同樣工作的人來說，這份工作或許毫無意義。原因是它和她的信念相悖，她認為芭比洋娃娃的樣子使得女性美貌一成不變，這是非常有害的。一個人在做有意義的工作時才有可能有被授權的感覺。

⑵勝任

勝任指的是個人相信他有能力出色完成某項特殊工作。有勝任感的員工相信在特定情況下，他們有能力滿足某項工作要求。勝任感同樣會讓人產生被授權的感覺。

⑶自我決策

是指個人覺得自己有權發動組織各類工作活動，尤其是當員工感到他或她能夠自由選擇解決某個特殊問題的最佳方法時，自我決策就變得更為高階了。自我決策同樣涉及諸如工作地點和場所的選擇之類的問題，一位被高度授權的員工或許會決定一改陳規，不在辦公室完成一項特定工作。

⑷影響

這指的是員工能左右工作的重大成果或結果的程度。比如公司的運作方式或其提供的產品及服務。在公司業務處理序中，員工並非只是服從，在任何方面都插不上手，而是應有發言權，針對公司的未來前景發表自己的見解。

二、授權應注意的問題

授權時，要挑選那些接受過培訓、掌握技能、有天賦和動機的人。儘管這一原則很重要，許多主張授權的人仍認為每位員工都有被授權的天賦和渴望。只注重渴望而忽視天賦的授權會造成不良後果。難道你願意讓一個有高度熱情，技術上卻笨手笨腳的人來組裝你的急剎車裝置嗎？

在授權時經常出現過高估計員工工作能力的現象，認為只要集體合作就無須專業人員的任何指導，你或許會授權一組有高度熱情的員工來自行解決一個棘手的問題，而不去請教一名受過高深訓練、有高階技能的專業人員。因而，解決問題的最佳方式是請一名專家以內部顧問的身份加入被授權集體之中。

(1)不要忽視專業技能

被授權集體應配備適當的專家，發生在汽車製造公司的案例便充分證明瞭這一點。克萊斯勒小型運貨車新生產線中擋風玻璃上的刮水器有六．五%存在瑕疵——少數的刮水器不能完全刮過擋風玻璃，因為這小小的毛病使得克萊斯勒無法將這批小型運貨車裝船發運。這是根本讓人難以接受的，員工們所面臨的挑戰就是如何將其解決。但沒人能找出其弊病所在。所有的原件都符合規格，零件的組裝完全正確，工程師們也找不出設計上的任何差錯。為找出所存在的問題，公司成立了一個聯合調查小組，被授權全面發揮作用。

組員內含一名生產總監，一名品質偵測員，一名品質分析專家和兩名工程師。在研究調查數月之後，小組無意中發現汽車驅動桿上的鋸齒邊帶動了刮水器邊，於是，一位工程師就設計了一個計量器用來測量曲柄的轉度，使這一問題得以解決，全部的小型運貨車才得以發運。如果小組成員中沒有工程師，那麼問題能否解決可能還是個問號。正確的觀點是被授權的集體應含有適當的專業技術人員——而這一真諦雖說顯而易見，卻常被忽視。

(2)選擇適當的人授權

授權的一條重要原則是必須契約重申。如果你想要你的授權集體高效多產，其成員必須要經過精挑細選。最富成功經驗的公司往往在授權時仔細審查被授權成員，被選中的員工應具備以下素質：有職業道德，善於靈活機智地完成工作，有自我開創能力，集體合作精神及敏銳的頭腦，還有上文強調的一條：一定要懂技術。總體而言，挑選的人要比同級員工高出一籌，能力和動機是授權成功的關鍵因素。確保被授權人掌握適當的技術，許多重大錯誤都是由於決策人只有權力而無技術所造成的。

從員工過去的工作表現中搜尋證據來證明他是否有冒險精神和創造性思維。證明他能把握自己，比如他需具備在完成長期專案的過程中堅持不懈，表現出毫不氣餒的精神。被授權人必須嚴格要求自己，因為他們的權限非常小。確保他在完成工

作過程中表現的自信，獨立實施某項決定需要自信心（當然，你也許會辯解說被授權能增強人的自信心，但至少你應在他過去表現中找出自信）。尤其要注意的是一定要確保候選人能坦誠認真、一如既往地保持原有的良好品行，如若不然，他就會趁機利用手中的權力來指令他人做一些不該做的事，這將會給企業帶來災難。

三、授權的基本構成要素

授權行為一般由三種基本要素構成，稱為授權的三要件：工作指派、權力授予和責任創造。

(1)工作指派

工作指派在授權過程中，向來最受經理們的強調。不過，許多管理者和經理們在進行工作指派時常常存在兩方面的錯誤：

其一，他們往往只讓下屬獲悉工作性質和工作範圍，而未能讓下屬明確他所要求的工作績效，這一點實在是主管在授權過程中的一大敗筆。因為如果下屬對主管所期待的工作績效不甚了解，他們的努力在客觀上就缺乏一個目標。這同時給主管的授權後管理帶來困難，因為主管無法依據事先確立的績效標準對下屬實施考核，獎優罰劣，這是一筆管理損失。

其二，主管有時會把必須由自己分內完成的工作也指派給下屬，他們未曾意識到，並非主管分內的所有工作均能授權於下屬來完成的，這些不能授權的工作是可以以一定標準由主管作出判斷的。比如，目標的確立、政策的研究與擬定、員工的考核與獎罰等等，這是主管工作的「命脈」，不可謀求假手他人。

(2)權力授予

在指派工作的同時，管理者應對下屬授予履行工作所需要的權力。這就是「授權」兩個字的由來。「權力授予」與「工作指派」之間應是怎樣的關係，權力授予的合理範圍應該是多少，這是實施授權的主管最為關心的問題。主管所授予的權力應以剛好能夠完成指派的工作為限度，這表現了權力授予的原則，即以完成工作為最終目的。客觀上，工作的執行所需要的權力——這些權力用來提高完成工作所需的人、財、物、訊息等組織資源——構成了權力授予的合理限度。

在權力授予中最主要的問題，也是授權管理的難點之一，即權力授予的適度問題。如果授予的權力不足以支援工作完成的權力需要，則指派的工作難以完成，授權因而喪失其意義；然而，如果授予權力過度，超過了執行工作任務實際的需要，則勢必導致下屬濫用權力，帶來太大的負面作用，同樣會導向授權失敗。

(3)責任創造

責任創造的含義在於，主管在進行工作指派和權力授予之後，仍然對下屬所履行的工作績效負有全部責任。這即是管理上所謂的「授權不授責」原理。這意味著，當下屬真的無法做妥指派的工作時，主管將要承擔其後果，因為下屬之缺陷將

被視同上司之缺陷。

許多主管在這裡犯的錯誤是當他發現下屬無法做妥指派的工作時，均試圖將責任推卸到下屬身上，他們以為責任隨同權力一同下移了。而事實上卻恰恰相反，權力在管理中有向下分散的趨向，而責任卻有向上集中的趨向。

責任創造的第一層含義是對主管而言，第二層則是針對下屬的。即為了確保指派的工作能順利完成，主管在授權的同時，必須為承受權力的下屬創造完成工作的責任，在主管和受權下屬之間建立起一種連帶責任關係。下屬若無法圓滿地執行工作，則身為授權者的主管可以唯他是問。

這當然並不妨礙主管承擔對工作的最終責任，尤其是當這件任務涉及本公司、本部門之外時，更是如此。

總之，授權是對權力的下放，並在這種下放中使權力最大限度地發揮作用。授權是一門學問，需要管理者細心揣磨和研究，以避免在授權的各個環節出現不應有的紕漏。

給下屬授權要講究原則和技巧

管理者面對的是一個個有思想的人，授權時不分對象、不看情勢會造成管理者對權力的失控。

授權必須講究原則和技巧，對權力的一收一放之間找到運用權力的正確節奏。

一、不充分授權

不充分授權是指管理者向其部屬分派職責同時，賦予其部分權限。根據所給部屬權限的程度大小，不充分授權又可以分為幾種具體情況：讓部屬瞭解情況後，由管理者做最後的決定；讓部屬提出所有可能的行動方案，由管理者最後抉擇；讓部屬得出詳細的行動計劃，由管理者審查批示；讓部屬採取行動前及報告管理者；部屬採取行動後，將行動的後果報告管理者。不充分授權的形式比較常見，這種授權比較靈活，可因人、因事而異採取不同的具體方式，但它要求上下級之間必須確定所採取的具體授權方式。

二、要會彈性授權

這是綜合使用充分授權和不充分授權兩種形式而成的一種混合的授權方式。它一般是根據工作的內容將部屬履行職責的過程劃分為若干個階段，在不同的階段採取不同的授權方式。這反映了一種動態授權的過程。這種授權形式，有較強的適應性。當工作條件、內容等發生了變化，管理者可及時調整授權方式以利於工作的順利進行。但使用這一方式，要求上下級雙方要及時協調，加強連絡。

三、掌握制約授權

這種授權形式是指管理者將職責和權力同時指派和委任給不同的幾個部屬，以形成部屬之間相互制約地履行他們的職責。如會計制度上的相互牽制原則。這種授權形式只適用於那些性質重要、容易出現疏漏的工作。如果過多地採取制約授權，則會抑制下屬的積極性，不利於提高管理工作的效率。

四、力戒授權的程序錯亂

一個企業即便人員不多，老闆應瞭解全體員工的全盤行動，授權也不能萬事皆休，否則，授權的結果只會帶來負效應，在實際工作中，有效的授權往往要依下列程序進行。

五、認真選擇授權對象

如前所述，選擇授權對象主要內含兩個方面的內容，一是選擇可以授予或轉移出去的那一部分權力；二是選擇可以接受這些權力的人員。選準授權對象是進行有效授權的基礎。

六、獲得準確的回饋

一個管理者授意之後，只有獲得其部屬對授意的準確回饋，才能證實其授意是明確的，並已被部屬理解和接受。這種準確的回饋，往往以部屬對主管授意進行必要複述的形式表現出來。

七、放手讓下屬行使權力

既然老闆已把權力授予或轉移給其部屬了，就不應過多地干預，更不能橫加指責。而應該放開手腳，讓部屬大膽地去行使這些權力。

八、追蹤檢查

這是達到有效授權的重要環節。要透過必要的追蹤檢查，隨時掌握部屬行使職權的情況，並給予必要的指導，以避免或儘量減少工作中的某些失誤。

掌握以上授權的原則方法和程序，你的管理能力因此更進一步。一位管理者要想使權力達到，必須要靠有效授權來完成，否則就是霸權，而霸權只能導致孤立。

授權時應區別權限

如何指派好手中的權利，是古往今來任何領導者都無法迴避的問題。

今天的管理者指派權力過程中的首要問題，並不在於究竟是多分一點好，還是多留一點好；而是要首先弄清楚具體應該分什麼權力，留什麼權力。關於這個問題，宜用「大權獨攬，小權分散」的原則來加以解決。

哪些是「大權」？哪些是「小權」？對這個問題，不同管理者在實際工作中往往認識不一致，而且掌握起來也不容易。有的人可能把「大權」當成了「小權」，走上放任的道路；有的人則可能把「小權」也看成「大權」，走上了專權的道路。

劃分「大權」和「小權」是一個相對的過程，主要是相對於管理者所處的位置而言。劃定大權和小權的時候，首先要把權力囊括的範圍確定下來才行。組織中的管理者，其大權和小權的劃分差距是很大的。

從涉及的範圍來考慮，關係全局的權力，當然就是大權，只有關係某一個局部的權力，一般不能說是大權。

從權限的角度來考慮，下級不能解決的問題，必須上級來解決，這應該是大權。如果下級自己能夠解決，或者下級自己解決更好，一般都不能算是大權。

從權力的性質來考慮，一般一個組織的權力有二個層次，一個層次是決策權，一個層次是執行權。

所謂大權實際上主要是指決策權，還有就是執行中的關鍵問題的把關性權力，具有「不可替代性」。人們常說，主管要把握方向，把握大局。這樣的權力是要獨攬的，而其它的權力則要分散。分散其實也是獨攬的條件。什麼權都抓，往往什麼權都抓不住。決策權應該是一個組織最高主管機構和最高領導人的權力，這是大權。

執行權是這個組織中階機構或中階主管的權力，其中帶有壟斷性的，可能是大權，但大部分照章辦事的正常執行的權力，對最高領導人來說是小權。執行權是基層幹部或人員的權力，對中階主管來說，關鍵性的作業可能是大權，但一般的日常作業則是小權，對最高主管來說，這些當然更是小權了。

對一個組織的發展而言，最重要的是決策。所以管理者一定要抓住、用好大權，不要忙於瑣碎事務，而忘記自己最重要的決策工作。集權和分權還有一層重要意義，就是管理者能夠正確處理領導團隊內各個成員之間的權力指派問題。

在集權與放權上，管理者的問題有三種：

第一種是有本事，但不放手，這樣的人雖然集權過多，但總還是可以做一些事情的。

第二種是自己沒有本事，但比較放手，這樣的主管雖然放權過多，但由於發揮下級和副手的積極性，也還是能做一些事情的。

第三種是自己沒本事，但對他人還不放手，這樣的主管最糟糕了，因為他做不了的事，還不讓別人去執行。

因此，作為管理者，你需要冷靜地思考自己的權力結構組態問題。

什麼是主管的權力？就是別的成員不便行使、不好行使、不能行使的權力。簡而言之，主管要努力做別人不能做的事情，儘量不做別人可以做、能夠做、應該做的事情。

如果主管不努力去做自己應該做的事情，那麼團隊就會散掉，因為沒有人去統籌全局；如果主管盡做別人應該做、可以做的事情，這個團隊也會散，因為其它成員會覺得無事可做而消極起來。

另外，「大權獨攬，小權分散」也是一個管理者的工作方法和作風問題。在這層意義上而言，集權和放權是主要管理者如何發揮副手和下級的積極性問題。集權而不專權，放權而不放任，才是最好的選擇。

大幅升職，讓員工都當老闆

下放權力，其方法有多種多樣，而大幅升職是其中最有吸引力也是最有效的方法之一。

每一個員工，幾乎都有升職的願望，這無疑是激發他們奮進的源動力。大幅升職，其效果不只有達到了權力與責任的分散，同時還能極大地激發員工的進取心和創造力。

勞勃・蓋爾文，一九六四年繼承父業，擔任蒙多羅娜公司的董事長兼總經理。他掌管公司以後，「將權力與責任分散」，以維持員工的進取心。蒙多羅娜公司從而競爭能力大增，業務突飛猛進：一九六七年增加到十五億，一九七七年又增加到近二十億美元。蓋爾文之所以「將權力與責任分散」，主要是由於深深感到有維持員工進取心的需要。

蓋爾文說：「公司愈大，員工愈渴望分享到公司的權力。在比較大一點的公

司，每一個人顯然都希望能感覺到自己就是老闆。因此，我們現在所做的，正是要把整個公司分成很多獨立作戰的團隊，因為只有這樣，才能夠使大部分人都分享到蓋爾文家族所擁有的權力與責任。」

蓋爾文說：「我絕對相信，一個人如果能操縱自己的命運，那麼他一定會比較有進取心。所以，我們將仍然繼續不斷地去創造一些適當的環境及計劃，儘量讓員工多參與跟自己有關的管理工作。」「有一些特定計劃可能透過執行而顯得不切實際。對於這一點，我們將會見風轉舵，改用較好的計劃。但通常，我們計劃的原則仍然是儘量創造機會，讓比較多的人參與管理工作，分享其權力與責任。」

為了將「權力與責任分散」，蓋爾文將權力下放給所屬各工廠、各部門。

公司的一位負責計劃、行銷、設計、維持與政府關係及廣告事務的高階主管說，我們公司的管理原則是，要把公司的各個部門當作相對獨立的事業部門來處理。公司所屬的每一工廠、每一部門都有自己本身的研究及發展部門，都有全權來決定一切行銷活動。公司設有一個履行公共職責的部門，主要是代表公司與所屬海外機構及外國政府建立連絡。公司內各部門的方針及目標大致上都很協調，在具體運轉上總公司不加干涉。

公司一位負責經營的副董事長說：「通常，只要我們在營業額、利潤及研究發展經費所占比例等問題上與各部門、各工廠的經理取得協定以後，他們都可以按照自己認為適當的方式去自由支配經費。」如果他們在自己的預算內想推動一項工程計劃，那麼大可放手去做而不必把詳細情況報告公司或上級主管。只有在計劃進行到最後階段而突然發生重大偏差時，總公司才會加以過問。同樣，各工廠和部門也可以自己決定自己認為適當的營業專案。

事實上，只有當他們無法達到預定目標時，總公司才會透過適當的方式加以幫助。「當然，在公司的總預算經費很緊時，我們也會採取行動，告訴他們將容許做些什麼，不容許做些什麼；同時，也會特別規定一些非常重要而必須執行的關鍵計劃。這些計劃如果沒有得到我們的同意，各部門是絕對不能變更的。但不管怎樣說，我們的管理原則是盡可能減少干涉。」

為了設法讓員工分享權力與責任，蓋爾文建立了一套明確的升遷制度。在蒙多羅娜公司，只要員工在履行責任中創造性地工作，就能獲得相應的權力。例如，當某一項研究工作有了一定眉目而需組織力量進一步突破時，公司就授予你全權。所授權力之大，一般相當於公司的高階主管，有的甚至於接近公司的總經理，被稱之為「一人之下，萬人之上」——難怪人們讚嘆說：「蒙多羅娜公司是技術本位者的晉升階梯。」總而言之，公司的原則就是儘量減少干涉，給員工一片自由的天空。

將權力與責任分散，激發員工的進取心及創造力，這也是發展公司業務的有效方法之一。

慎選「受權者」

授權必須慎重行事。

這裡，除慎重地確定授權範圍和大小外，特別要注意選好受權者，即接受上級所授權力的人。因為受權者選不好，不但難以出現預期的授權效果，反而會給領導者增加困擾。選好受權者，是授權工作的基礎和關鍵一環。為此，要求授權者對擬受權的下屬做如下分析：

一、這個人具有哪方面的能力、特長和經驗？個人品德如何？他最適合承擔何種工作？

二、委託這個人做什麼工作，才能最大限度地激發他的工作熱情和潛力？

三、他目前擔負的工作與擬授權的哪些工作關係最為密切？

四、這個人對哪項工作最關心、最感興趣？

五、哪項工作對他最富有挑戰性？

在上述分析的基礎上，才有可能把所要授出的責權與受權者的品德、能力、性格、興趣等最大限度地統一起來，才能做到把權力授予最合適的人。

在現實生活中，具有以下特點的人，往往是受權的理想人選：

一、大公無私的奉獻者。
二、不徇私情的忠直者。
三、勇於創新的開拓者。
四、善於團結協作的人。
五、善於獨立處理問題的人。
六、某些犯過偶然的、非本質性錯誤並渴求悔改機會的人。

選好受權者，除了分析考察每個下屬的特點、能力、性格等主觀因素之外，還要綜合考慮擬授權工作的性質和特點，這樣才能恰當地選好受權者。

要堅決清除合理授權的障礙

一般管理者都明瞭授權的必要性，也存在希望透過授權改變管理局面的主觀意願。但在具體的管理實踐中，即發現要把「合理授權」這一管理信條確實落實，困難重重。這裡面有思維方式和管理習慣的問題，也有對權力收放的拿捏把握的問題。

歸結起來，合理授權的障礙來自以下兩個方面：

一方面是管理者個人在工作認識和權力下放上的思維錯誤觀念，這表現在：

第一，以自我為中心的工作習慣

對於讓下屬做出對自己有影響的決定很不習慣。必須要克服這一點。因為作為管理者必須清楚你不能獨立完成所有的工作，而高效的授權能讓你的工作和生活更輕鬆，並且讓你的團隊更有活力。

總覺得自己比下屬更能幹。那些具有較強工作能力的管理者更容易發生這樣的失誤。事實上，管理者即使在很多領域中都具有非凡的能力也一定要避免事事親為，因為你能幹不代表你的成員不能做這些事。而且更嚴重的是會導致下屬行為的惰性。

認為有些具體事只有自己能做。管理者必須常常提醒自己：如果在一個團隊或組織中你是唯一能做某件工作的人（這裡指具體的和技術上的工作），那對整個組織來說是危險的。只有那些必須由自己處理的事情才不屬於授權的範圍。

第二，對授權對象要求苛刻

認為必須把一項工作授權給能手才是合理的。實際上不同的工作完全可以授權給不同的人，而標準只有一個，那就是能否提高整個團隊的績效。應該針對特定的情形和對象使用最佳授權方式，最終減少團隊中資源的衝突。

因為下屬拒絕而對授權沒有信心。擔心經驗不足而導致失敗和對你授權方式的不滿都可能導致他們的拒絕，當然，解決這些問題更需要管理者的經驗。

因為下屬是新手而不敢授權。一個高效的管理者，在明白能人重要性的同時也必須看到新手的潛力和價值。授權的過程其實也是一個授權者與被授權者共同進步、共同承擔責任、共同學習的過程。

第三，工作目標模糊

認為是自己舉手之勞的工作而忽視授權。實際上一個管理者的時間就是在這些

並不重要的舉手之勞的工作中浪費掉了。更重要的是這樣會寵壞你的下屬，使他們的能力更加缺乏。因為自己喜歡做而不授權給下屬。尤其是一些技術型管理者，你必須授權你喜歡的工作，讓下屬代你完成。你的工作是集中精力做必須由你做的工作，而無論你是否喜歡。

對工作要求盡善盡美。認為所有工作都應該完美地達成，其實這是一個錯誤觀念，而一旦陷入這個錯誤觀念，則會對你的授權產生限制，甚至會導致你對下屬的能力產生懷疑，從而在授權工作上止步不前。事實上有許多時候不需要十全十美。

不能清楚地認識到強影響和弱影響工作的區別。強影響工作指人力管理、規劃整個系統、激勵和培訓等長期性工作，而弱影響工作是指日常工作或受強影響工作影響的工作。國外的一些調查顯示，最佳的時間指派是八〇%的精力放在強影響的工作上，二〇%的精力放在弱影響的工作上。分清楚這兩類的工作，並有計劃地指派和授權，你會感到你要做的工作和應指派的工作重點更加清晰，同時這樣也將有助於你日後的控制工作。

另一方面是管理者對權力的把握出現偏差，典型的表現是造成下屬的「越權」。下級「越權」的現象在一些部門時有發生，領導者要根據不同的「越權」情況，採取不同的制止下級「越權」的方法和藝術：

第一，明確職責範圍

權力是適應職務、責任而來的。有多大的職務，就有多大的權力，就能承擔多大的責任。因此，只有職、權、責相統一，才能制止「越權」現象。

第二，分層管理

下級要認真地做好本層次的工作，對上級主管負責，執行上級的指示，接受上級的指導和監督，主動地、經常地請示彙報工作，積極地、創造性地完成上級主管交給的一切工作。

第三，為下級排憂解難

領導者要關心、愛護下級，為下級排憂解難。這樣，既可以防止下級有意識地越權，也可以防止下級由於來不及請示而出現的越權現象。

第四，要分清「越權」的動機

如果下級是因為有較強的事業心、責任心，工作有積極性、主動性，不推不靠、敢作敢當、勇於承擔責任，而出現了「越權」行為，領導者應該先表揚後批評，既肯定其積極性，又指出其越權的危害。如果下級的越權行為是因為覺得自己能力出色，或者有意和主管過不去，那麼領導者要嚴厲警告，下不為例。

總之，一旦下級發生越權行為，要慎重地根據不同情況，採取不同的方法加以糾正。當然，一般而言，沒有重大的突發事件，領導者還是要把下級的越權消滅在萌芽狀態，這樣，才能使工作走上正常軌道。

把授權落在實處

有在企業工作經驗的人不缺乏這樣的工作體會，上司安排工作時總是再三強調：「放手去做，我絕對信得過你。」但在工作過程中卻又一百個不放心。也許上司確實授給了你一些權力，但這點權力得不到上司的有力支援，工作照樣難以展開。

假如有這樣一個問題，當你的下屬和你的客戶——你的客戶是經銷商——之間產生衝突，你會支援誰？不管做什麼，只要與人打交道，「衝突」就會時常發生，「衝突」言者，當然是各有其道理。許多管理者面對這樣的「衝突」，總是習慣上訓斥自己的下屬，向客戶賠不是，其實，如果有這樣的情況，管理者應該站在下屬這邊。在這個把「客戶永遠是對的觀念」奉為圭臬的世界裡，這樣的答案似乎很離奇。但管理者應該深信一點，員工才是公司最重要的客戶，缺乏對員工的信任或者支援，他們失去的將是對組織的信任和工作的快樂，這種不信任和不快樂，百分百地將傳遞給公司的無數個客戶，最終導致的是績效低下。

許多管理者都在抱怨下屬不是那個能「把信帶給加西亞的人」，抱怨員工懶惰並對公司充滿著不滿。但是，回想一下，哪位員工是帶著不滿的情緒進入公司的？你想想他們當年加入公司時那種躊躇滿志的樣子，那種雙眼都會放光的憧憬。你想過沒有，使他們變得充滿冷漠與怨恨的正是管理者自己。

傑出的管理者一定會深信溝通的重要性並加以身體力行。訊息通暢是一個好的管理者的重要標示，有些管理者不大喜歡溝通，有些事情也不願意透明，覺得神祕管理更好，其實，所謂的「神祕管理」是另一種愚民政策，它除了能得到漫天飛的小道消息和日漸低落的士氣外，什麼也得不到。靠「神祕」不能偽裝權威，也偽裝不了管理者的低能。俗話說「庶民用暗器」，大多數下屬對付這些管理者的做法是「在職退休」。這種做法是相互的戕害，一方面，企業沒有為員工提供必要的培訓，使得員工失去的是未來人力市場手價值和對未來的信心，另一方面，企業損失很多的人力資源，企業最大的成本就是沒有經過培訓的員工。

正如美國鋼鐵大王與慈善家安德魯·卡內基所說的那樣：「一個組織擁有的唯一不可替代的資產就是它的員工所具備的知識與能力。人力資本的生產效率取決於員工能否有效地將自己的能力與僱用他的組織分享。」

第五篇

公平與公正是管理者應記住的管理要訣

公正，即「公正地評價員工」。

共同的價值觀是對員工做出公正評價的基礎；

為每個員工提出明確的、具有挑戰性的目標和工作，

是對員工績效做出公正評價的依據。

公正比公平更重要

公平是處理衝突的最佳境界。但在實務作業中，管理者很難做到公平這一點，因為不同的人有不同的公平標準，有時對很多人來說是公平的事對部分人來說卻意味著不公平。

有七個人住在一起，他們每天都要分一大鍋粥。但麻煩的是粥每天都是不夠吃。最初，他們用抽籤來決定誰來分粥，每天輪一個。結果每周下來，他們只有一天是飽的，那就是自己分粥的那一天。後來，他們推選出一個道德高尚的人來分粥。強權就會產生腐敗，大家開始想盡辦法去討好他，賄賂他，搞得整個小團體烏煙障氣。再後來，大家決定組成三人的分粥委員會及四人的評選委員會，但他們常常互相攻擊，等粥吃到嘴裡時全是涼的。

最後，有人出了個主意：大家輪流分粥，但分粥的人要等其它人都挑完後拿最後的那一碗。為了不讓自己吃到最少的，每個人都努力將粥分得平均。最後，大家

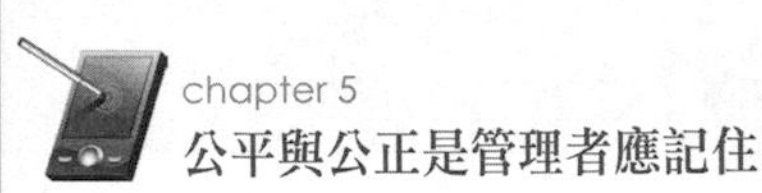

快快樂樂，和和氣氣，日子過得越來越好。

還是同樣的七個人，不同的指派制度就產生不同的風氣。所以，一個部門如果有不良的工作習氣，一定是機制問題，一定是沒有做到完全公平、公正。

公平，即「公平地對待員工」。對每位員工的勞動給予能夠表現「內部公平和外部公平」原則的回報；為每位員工的發展提供公平的機會和條件，在真誠合作與責任承諾的基礎上展開公平競爭。

公正是公平的前提，公平是公正的表現，但是公正了不一定就能公平。例如，管理者為實施激勵，公布了一些相應的規定以配合獎懲。但很多人為了達到獎勵標準，會根據考核辦法，全力做到符合規定，這時真的、假的、半真半假的、亦真亦假的情況都會出現。弄得考核的人頭昏腦漲，很不容易分辨清楚，以致每次公佈結果，員工都覺得不公平。

激勵的用意，原本在改善組織的氣氛，鞭策員工積極向上，保持團隊穩定的工作步伐。然而，不公平，就可能導致員工互相猜忌，甚至怨聲載道，消極怠工，破壞生產計劃，反而得不償失。

得到獎賞的人是少數，但是一旦他們認為獎賞不公平，自己獲得的東西少於自己應得的回報，感激心理就會蕩然無存。得不到獎賞的人居多數，他們可能認為遭受了不公平的待遇，心裡不服氣。這些反應，往往抵消了激勵的功能。

激勵不好，不激勵也不好，這是個兩難問題。人性既不像有些人所描述的「天生懶惰，討厭工作」，也不像有些人所寄望的「經過適當激勵，每個人都能自我主管，並且具有一定限度的創造性。」人性只是具有可塑性，不激勵不足以提高員工的行為，而激勵也無法完全改變員工的行為，不平的心理，更是激勵的一大阻礙。

最好的辦法，便是根本改變公平的觀念。管理者坦誠說明「我只能夠公正、卻很難保證公平」，因為如果管理者自己強調「公平」，員工就會用不公平來批評他。

得到獎賞不感激，未得獎賞不服氣，完全是管理者自認為公平所招致的惡果。堅持公正但承認不公平的存在，是解開兩難選擇的突破。

處理員工之間的衝突要先將衝突分類

從管理者心理角度而言，可以把衝突看成是兩種目標的互不相容或互相排斥。而員工衝突，就是由於員工與員工之間、員工與組織之間的目標、認識或情感互不相容或相互排斥而產生的結果。

管理者在處理員工衝突之前，首先來認識一下員工衝突的三種類型：

一、目標衝突

當與員工所希望獲得的終極狀態互不相容時，就會產生目標衝突。比如，一位員工希望有一個安定的工作環境（以便能夠繼續去學校進修），而企業卻準備派他經常出差去跑銷售，這時就會產生目標衝突。這種衝突是最常見的衝突類型，由於涉及衝突雙方的利益問題，該類型的衝突也是最難處理的。

二、認識衝突

當員工的認識（建議、意見和想法等）與他人或組織的認識產生矛盾時，會產生認識衝突。比如，員工認為公司的工作考評方式不太合理，而管理者認為這種考評方式是適用的，這就產生了認識衝突。比較好的處理方式是在不嚴重影響團體利益的情況下，求同存異，相互包容，尊重個人的價值觀和信仰。

三、情感衝突

當員工在情感或情緒上無法與他人或組織相一致時，會產生情感衝突。情感衝突一定有其能夠產生此種情感的背景事件，有時找到了背景事件，並能夠很好地解決就能緩解情感衝突。但當情感已經成為一種定式時，單靠具體問題的解決是無能為力的。這就需要衝突雙方（或借助第三者）進行充分的溝通，使相互之間取得信任，從而解決情感衝突。

並非所有的衝突都是不利的。有時，一些意見上的分歧是十分必要的。如果人們認為持異議或不贊同是一種很自然的事情，並且不是把爭論看作一種很自然的事情，並且不是把爭論看作一種威脅而是看作一種健康的行為，那麼你的企業會因此而受益匪淺。因為，如果我們什麼都保持一致，就不會有挑戰，不會有創造性，也不會有相互的學習和提高。

比如：如果你的兩名下屬就某一問題的最佳解決方案爭得面紅耳赤，這時你要表現出對他們這種認真態度和敬業精神的讚許，你可以得出一個切實可行的折中辦法，或者從一個特殊的角度來發現解決的最佳方法。

倘若管理者遇到那種個人之間的衝突，最好是私下單獨聽聽雙方的陳詞，但不要急於表態，立刻肯定誰或否定誰。人在生氣時可能會說出諸如：「我再也不會跟你反映任何事情了」的話，當然，他不可能做得到。你要避免火上澆油的正面衝突，因為下屬向你談及他的感覺，能夠消除他的怒氣。等事情冷靜下來後，你再就此做出決定，看如何使他們更好地相處，來共同達到公司的目標。

不要指望分歧的雙方能夠和好如初。但你要告誡他們必須相互諒解，不論感覺如何都應當充滿理智地以禮相待。這時候，你便有權威來定出一些條例。例如說：不準直呼其名；不得故意破壞或擾亂他人工作；不得對同事持不合作態度；不准因任何理由而動用暴力等。

在這種情況下，你可能遇到的問題是其它下屬會對此表明他們的態度。因此，你可能會看到一半的人與另一半的人形成對峙。這時，除非你有絕對的把握判定誰是誰非，否則不要表態。你首先要強調的是工作第一。只有當你對自己的調查能力、分辨能力以及自己的公正無私有絕對的信心和把握時，你才能讓當事人雙方對質，而且對質的場合最好選在你的私人辦公室或其它工作地之外的地方。

在解決這類問題時，有一個行之有效的方法，那就是讓當事人雙方調換角色，設身處地地為他人想一想。

通常，人們看起來是在為一些雞毛蒜皮的小事情而鬧矛盾。但切忌不可對這種小矛盾等閒視之。這種事情可能涉及自我領域、自尊以及地位的爭鬥，這時候就沒有哪一個是無足輕重的了。儘管口角會經常存在，但你要把握好解決的尺寸，要適度才行。

在工作中，員工與員工之間由於在工作上沒有協調一致等原因，而導致衝突經常發生，也許你會認為發生衝突表明你工作方式可能有問題，因而採取忍氣吞聲的方法來解決它，如果長時間這樣的話，問題會越積越多，嚴重到干擾正常的工作。因此，有了衝突一定要儘快加以解決而不是逃避。另一方面，在衝突發生前，一定要做好發生衝突、解決衝突的準備工作。

假如某一員工脾氣比較暴躁，經常與同事發生衝突，作為管理者你一定要不動聲色地等待對方全部發洩完畢之後，再重新和他恢復剛才討論的問題，因為發洩只是情緒宣洩的一種方式，並不能解決任何事情，在發洩完以後，才能心平氣和地聽從你的建議，這種方法尤其適合於員工對主管。

當衝突發生時，你一定要相信所有的問題都是有辦法解決的，只是你還沒有找到合適的方法，你可以試著和對方討論你們相一致的目標以及你們共同的期待，證明你們暫時的衝突只是形式上的分歧，你們討論問題的本質都是相同的。如此這樣的解釋，你們的衝突便會好解決得多。

倘若你們代表的是各自不同的利益，你也可以請他考慮這樣繼續衝突下去，你們的關係會發生如何的變化，你們的合作是否會受到影響等問題，順著這個思路，你們的衝突就會採取和平的方式解決了。如果衝突已經發生了，我們就不能採取退避、視而不見的態度，要集中精力處理眼前的問題，不要在解決衝突的過程中又提到以前的舊事，如果不小心提起以前的舊事，不但現有的衝突不好解決，新的衝突馬上又要發生了。因為對於過去的舊事，必定有一個對錯是非的問題，如果把矛盾的焦點集中在舊事上，對現有問題的解決是徒勞無益的。

衝突處理不慎，就會惹火上身，造成衝突各方關係不和，生產率下降。如果聽之任之，就會導致企業健康出現問題，分散員工的精力、時間及企業資源。使之不能全部用到正當而重要的個人及企業目標上。結果，企業遭受破壞，陷入財務和情感困境。

處理得當，企業就會受益無窮。得到妥善處理的衝突有如安全閥，能讓人發洩怨氣，並幫助找出辦法解決棘手問題。

藝術性地解決衝突

有人群的地方就會有區別，有區別就會產生衝突。當企業中不可避免的員工衝突擺在眼前時就需要管理者巧妙地解決它。

當管理者走到本部門時，員工羅斯走了過來，要求私下談談。顯然有什麼事情在困擾著羅斯。回到辦公室剛坐下，羅斯就滔滔不絕地談起他與同事約翰之間的衝突。

依據羅斯的說法，約翰實在欺人太甚了，約翰不惜踩著別人的肩膀向上爬。特別是，約翰為了使他難堪，故意把持住一些重要的訊息，而他正需要這些訊息來充實報告。約翰甚至利用別人做的工作為自己沽名釣譽。

羅斯堅持認為：必須對約翰採取行動，而且必須儘快行動，否則的話，整個部門將會有好戲看。

這樣，當管理者的你就不得不處理必然要遇到的微妙局面：兩位員工之間的衝突。解決員工之間的衝突可能比解決任何難題都需要更多的技巧和藝術。在衝突大規模升級之前，該做些什麼才能使之消失於無形呢？首先，必須意識到，衝突不會自行消失，如果置之不理，員工之間的衝突只會逐步升級。作為主管，有責任在部門裡恢復和諧的氣氛。有時必須穿上裁判服，吹響哨子，及時地擔任起現場裁判。

下列四點是管理者在處理衝突時所必須牢記於心的：

一、記住自己的目標是尋找解決方法，而不是指責某一個人。指責即使是正確的，也會使對方頓起戒心，結果反而使他們不肯妥協。

二、不要用解僱來威脅人。除非真的打算解僱某人，否則，說過頭的威脅只會妨礙調解。如果威脅了，然後又沒有付諸實施，就會失去信用，人們再也不會認真看待管理者所說的話。

三、區別事實與假設。消除任何感情因素，集中精力進行研究，深入調查、發現事實，這有助於找到衝突的根源。能否找到衝突的根源是解決衝突的關鍵。

四、堅持客觀的態度。不要假設某一方是錯的，下定決心傾聽雙方的意見。最好的辦法也許是讓衝突的雙方自己解決問題，而管理者擔任調停者的角色。可以單獨會見一方，也可以雙方一起會見。但不管採用什麼方式，應該讓雙方明白：矛盾總會得到解決。

為了保證會談成功，必須做到以下幾點：

▼定下時間和地點。撥出足夠的時間，保證不把會談內容公之於眾。

▼說明目的。從一開始就讓員工明白，要的是事實。

▼求大同，存小異。應該用肯定的語氣開始會談，指出雙方有許多重要的共同點，並與雙方一起討論一致之處。然後指出，如果雙方的衝突能得到解決，無論是個人、部門，甚至整個公司，都可以避免不必要的損失。還可以恰到好處地指出，他們的衝突可能會影響到公司的形象。

▼要善於傾聽不同意見。在瞭解所有的相關情況之前不要插話和提出任何的建議。先讓別人講話，他們的衝突是起因於某一具體的事件，還是只有因為感情合不來？

▼注意姿勢語言。在場時必須一直保持感興趣、聽得進而又不偏不倚的形象。不要給人留下任何懷疑、厭惡、反感的印象。當員工講話時，不能贊同地點頭。不能讓雙方感到管理者站在某一邊。事實上和表面上的完全中立有助於使雙方相信管理者的公正。

▼重申事實。重申重要的事實和事件，務必使雙方不發生誤解。

▼尋求解決的方法。容許當事人提出解決的方法。特別要落實那些雙方都能做到的事情。

▼制定行動計劃。與雙方一起制定下一步的行動計劃，並得到雙方執行此計劃的保證。

▼記錄和提醒。記下協定後，讓雙方明白，拒不執行協定將會引起嚴重的後果。

▼別忘記會後的工作。這次會議可能會使衝突的原因公開，並引起一系列的變化。但是不能認為會開完了，衝突也就徹底解決了。當事人回到工作崗位之後，他們可能會試圖和解，但後來又再度失和。必須在會後的幾周、甚至幾個月裡監督他們和解的處理程序，以便保證衝突不會再發生。

管理者可以與其中一方每周正式會晤一次來進行監督。如果衝突未能得到解決，甚至可以悄悄地觀察他們的行為。

不再發生任何員工之間的衝突——這是管理者的工作職責之一。只有在感到智窮力竭時，才可以用提高工作的方法把雙方隔開。但最好還是把提高工作留作最後的一招。

能否果斷直接地處理衝突，表明作為管理者是否盡到了責任。積極的處理將向員工發出明確的信號：不會容忍衝突——但是願意作出努力，解決任何問題。

辦公室中那些常惹麻煩的人會占用管理者時間。大部分人都相當容易相處，只有少數人真的很難纏。管理者要針對不同類型人的特點採取跟他們相處的方法：

▼心懷敵意的人。對待這種人最重要就是不要陷進他們的圈套，可讓他發洩心中的鬱悶。要是所有辦法都無效，可以暫離開現場五分鐘，給這種人一些時間，好讓他們整理一下思緒。

▼心懷抱怨的人。這種人會故意誇張他的煩惱，希望能引起與他同感的人的共鳴。對待這種人切勿表明態度（同意與否），只要給予不明確的回饋即可。

▼優柔寡斷的人。可能是那些害怕樹敵的「分析家」或「謹慎者」。管理者可以提供證據，強調事實與數字的正確性，來從旁協助他，讓他在作決定前先訂個期限，然後離去，同時表示在期限屆滿時會回來聽聽他的決定。

▼沉默不語的人。這種人恐怕是心存恐懼，因此，要讓他們知道管理者的友善且不具威脅性。應該耐心等待，直到他們準備好開口說話為止。

▼不懂裝懂的人。這種人可能真的知道一些，也可能並不真懂。用事實及數字來對付這種人，用邏輯及證據來讓他信服。

總而言之，約束自己的行為，並利用上面提到的方法，不但可以協助自己與那些難纏的人相處，還可以省下不少時間。其中最關鍵的就是妥善處理其不滿情緒，因為人畢竟都有慾望，同樣會有不同程度的需求得不到滿足的情況。在企業中，要做到皆大歡喜幾乎是不可能的。有利於員工的事情，並不一定有利於經營。

往往慾望一經滿足，便會產生安心或超脫的感覺，精神逐漸鬆懈。再說，慾望不會永遠滿足，一個需求獲得滿足了，另一個需求還會跟著出現。員工的需求，無法做到一一滿足，作為管理者，也不必因此過分自責。不滿的滋生，多數是因工作人員情緒不穩定，以及與上級沒能真正的溝通，因此與公司產生糾紛或芥蒂。所以平息不滿最好的方法，是穩定他們的情緒，尋找並解決謠言的起因，聆聽他們的意見，以及在可能範圍內滿足他們的需求。

最忌諱的，就是置之不理。剛開始，員工也許只是單純地對上級個人不滿。其後，會漸漸演變成對公司的不滿。最後很可能將整個不滿情緒，擴大到公司的各個角落，甚至發生破壞和傷害的意外事件。

還有一點必須明白的是，「不滿是進步的原動力」。由於對現狀的不滿，才會刺激新的轉變。作為管理者，要善於瞭解這種情緒，不要愚蠢地去使用強迫性的壓制。

管理者要善於解除員工的煩惱。有些部門人員工作情緒低落，好像堵塞了通氣管的火爐，不能發出熊熊的火焰。這個原因，多半在管理者。諸如缺乏管理能力，沒有注意防範工作的障礙，與員工之間缺乏依賴感，工作上的糾紛，管理者未能善加處理等。

這種極端的「全員情緒低落」的例子並不多。一般是大部分人在努力工作，只有一小部分人患有情緒低落症。只要稍加注意，就不難發現少數人不能振作的原因。這些人，在初進公司的時候同樣充滿工作熱情。一定是在進入公司後的這段時間內，工作上遭到「澆冷水」或遭到打擊之後，使當初的熱情逐漸消散。

當然，每個人意志消沉的原因不盡相同。有些人是因為從事超負荷的工作，經常失敗，於是對工作缺乏信心，積極不起來了；有些人則是碰到了專橫獨斷的上司，只視他為工具，使他從沒有嘗到達到自己創意工作的滿足感；有些人在同事之間缺乏親和感，甚至相處得極不愉快，每天上班，一見面就感到厭煩；還有私人生活上的一些問題等等。

總之，員工不能振作精神全力工作，都有一定的原因。有些管理者根本不瞭解員工的心理狀態，當一個對工作缺乏信心的員工精神不振，極力與內心的苦惱掙扎的時候，他卻說：「你得更積極，努力求上進啊！」或不瞭解員工正因糾纏不清的私人問題而苦惱，卻胡亂搬出一大套不關痛癢的鼓勵話等等，這能有什麼效果呢？

這種對員工的苦惱毫無所感的管理者，認為與員工天天見面，瞭解員工的一切。其實每天在複雜的壓力下喘息的現代人，精神生活也是非常複雜的。就算是天天見面，也不能說把每個人的心理變化把握得很準確。身為管理者，不能依自己的主觀感覺隨便對人做出判斷。

因此，成功的管理者，除了在工作上要多與員工接觸外，也要在生活上多與之接近，從多方面來瞭解員工，耐心探尋員工生活中的問題。要把自己放在與員工同等的地位，作為一位朋友去瞭解。一旦見到員工情緒低落，應抱著同情的心理，和他個別談心，為他們的工作解決困難，為他個人的生活指點迷津。

對那些因超負荷工作而失去信心的人，要為他重新調配工作，使他能夠愉快勝任，培養他的自信。如果是在個人生活方面遇到了問題，就要想盡辦法解決他的煩惱。總之，要針對不同的原因，以不同的方法使其重新燃起工作的熱情。這是管理者統御員工的一項重要職責。

學會減少衝突的十招

員工衝突雖無法避免，但可以透過管理者的努力來減少。採用預防性的措施遠比事到臨頭造成危害才處理要好得多。

第一招，進行有效的思想工作

運用多種學科的知識進行思想工作，如用心理學、社會學、教育學、公共關係學等知識，瞭解個人的個性特點，分析衝突的原因，然後因人而異地進行疏導，使人們在不知不覺中互相瞭解、諒解、理解，進行多層面、多管道的溝通協調，消除矛盾，解決分歧。

第二招，有意識地培養心理相容

提高組織成員的心理相容性，提高自控能力。引導員工用哲學的觀點來指導自己的言行，來觀察世界和他人，承認世界的多樣性與複雜性，人的多樣性與複雜性。人的個性不同，只要不損害國家、集體、別人的利益，就不要導致衝突。不斷增強自身心理相容性，於己、於人、於事業均有百利而無一害。

第三招，公平競爭，減少衝突

在各自達到組織目標的過程中，在平等的基礎上，進行公平競爭。在處理問題時需要公平合理，一視同仁。這樣，也不論是勝者負者，還是旁觀者都會心服口服，發生衝突的事就會少些。

第四招，幫助雙方學習提高

有時衝突雙方，是因認識問題一時難以解決，應分頭幫助雙方進行有關法規政策的學習。教育雙方識大體，顧大局，互相寬恕，互相諒解，爭取合作，使雙方認識到衝突帶來的有害結果，討論衝突的得和失，幫助他們改變思想和行為。回過頭來再討論衝突的原因，這樣易於解決。這樣做雖然費時費力，但是「療效」持久，抗體強，效果好。

第五招，運用權威

對於重大的衝突，如不及時制止，可能會蔓延與擴大，影響全局。這時，應運用權威的力量來解決，如果屬於技術性衝突，請技術上的權威如老工人、老師傅、專家學者來進行論證，對衝突雙方依據技術規定、有關條款、法規來解決；對非技術性的衝突，如對事情的認識、程序上的衝突，請衝突雙方的共同上級來聽取雙方意見，由上級裁定。這種做法，對於緊急需要消除衝突，減少損失，不失為一帖良藥。但是，緊接著要做好溝通工作，鞏固「療效」。

第六招，迴避矛盾

衝突發生後，如果雙方都有強烈的個性而且近於固執，雙方都不認輸，讓他們仍在一起，是不利於矛盾解決的。管理者應提出建議，將雙方調離，分隔開來，使之不在一個部門工作，減少甚至無接觸機會，衝突便會逐步緩解以至消失。

第七招，轉移視線

對於某種衝突，可採取轉移視線的方法，消除衝突。如企業內有兩位研發人員共同研製了一個有關資訊工程的專案，他們在一個技術問題上，發生了嚴重衝突，誰也不理會誰，研究工作停頓下來。人事科長獲悉後，與課題組長分析情況，向課題組介紹了國際最新研究動態，他們猛然頓悟：落後了，應消除分歧急起直追，搶占該專案的國際前沿。

第八招，和平共處

衝突對方是友鄰組織或是內部成員，儘管存在嚴重衝突，但平時關係不錯，可採取求同存異，和平共處的原則，避免衝突「升級換代」。讓時間來做冷卻劑，不做決定比做決定好。

第九招，另起爐灶，重組群體

如果一個組織內長期不斷地爆發嚴重衝突，難以消除，影響組織發展。建議決策者採取斷然措施，復原該組織的建制，然後重新組建，把衝突雙方隔斷，建設新的組織氛圍。

第十招，制定預警方案

進行衝突的管理，預防衝突的發生，或把衝突消滅在萌芽狀態，是衝突管理的上策。由於衝突爆發的時間、地點、條件、環境難以完全預測和掌握，因此，作為管理者應主動配合組織領導人，積極制定衝突的預警方案。就是說，萬一衝突發生，大體上可依據預警方案，有條不紊地展開工作，把衝突及早解決，把損失降低到最少，並迅速恢復正常的生產、工作和生活秩序。

認清小團體的危害

在許多企業中，員工相互結成團體進行爭奪利益的鬥爭，從而引發的衝突並不少見。

小團體之爭不是以原則定是非，而是以人事定是非的，在工作中黨同伐異。只要是自己一派的，無論什麼事情都予以支援；不是自己一派的，無論什麼事情都予以反對。小團體之爭會渙散人心，降低組織效率，影響組織目標的達到，對組織會造成很大的損害。小團體之爭與「窩裡亂」不同。窩裡亂有可能是兩名員工或少數人的對抗，而小團體之爭是一種升級的「窩裡亂」。參與的人數不在少數，相比之下，危害會更大。

有的管理者認為，維持適度的小團體之爭，有利於組織控制，造成各個小團體都要倚重於主管的局面。這種觀點的錯誤之處在於：第一，它忽視了員工的重要需求之一是交際需求。在小團體之爭嚴重的企業，員工普遍感到他們的交際需求不能得到滿足；第二，它把控制當成企業管理的目標，而不是把達到組織目的當成企業管理的目標，把手段當成了目的，是管理的異化。

小團體之爭既然是沒有意義的，為什麼不少員工還熱衷於拉幫結派呢？主要的原因是員工發現有一批「自己的人」能較輕鬆地得到額外的好處。形成自己的小團體之後，還可以控制局面，這樣的例子屢見不鮮。

另一種不太常出現的情況是在企業或部門中，往往會有以經歷取勝的科班和以學歷取勝的學院派兩種出身的員工，他們極少互相妥協，總是不停攻擊，而且尋找種種事實，證明自己的出身較對方的重要和卓越。

面對兩派之爭，作為管理者的你一定不要參與其中，無論你是出身於科班或是學院派，你必須抱著客觀的態度來看待事實。如果主管帶頭搞小團體，恐怕企業就離倒閉不遠了。大企業一時之間倒還不會出現可怕的結果，倘若是中小企業的內部出現如此嚴重的小團體之爭，公司一定會立刻垮台的。

大體上而言，具有小團體意識的往往是器量狹小、不識世故的人。在工作領域上，他們只具有特定的諒解心、同情心。管理者的工作是打通上下左右通道，而小團體型的主管其左右通道必定阻塞難行。在這種情況下，主管的責任當然不可能完全達成。也就是說，這種人根本沒有擔任主管的資格。

如果管理者本身不熱衷於小團體之爭，也要防止其它人拉幫結派。小團體之爭的形成往往是以共同背景為基礎的，因此在建立組織結構的時候，就要從預防出發，防止此類事件的發生。比如：不把有共同背景的親族、同鄉、同學、校友、戰友、同種嗜好者安排在同一部門或相近部門工作，就能消除小團體滋生的因素。

某公司破產了。一位曾給該公司做過諮詢的顧問在談及該公司破產的原因時，認為這家公司的小團表現象十分嚴重，他還具體說明如下：

這位顧問在午餐時間正好經過樓梯旁，聽到電話響了很久還是沒有人接聽。他推開那個房門往裡看，正好看見代理科長清閒地看他的報紙，完全不理會電話是否在響。

事後經顧問一問，科長才解釋：那個房間歸兩個不同部門共同使用，此時的電話肯定是打往另一個部門的，不必費心去接聽的。從這件事就可知道該公司的小團體氾濫到什麼程度了。這家公司業績衰退也是必然的。

用競爭取代「內耗」

有些企業裡很少看到員工之間產生衝突。這並不是說企業內部並沒有矛盾，而是企業的管理者成功地將衝突轉變為競爭，用合理的競爭引導員工，把員工的著眼點由彼此爭奪前往相互追趕超前。

這不只有協調了員工間的關係，也提高了企業的效率，同時從另一個角度表現了公平公正的管理原則。

要製造良性的競爭氣氛需從以下幾個方面入手：

一、製造一個競爭者

人的情緒往往都會有高潮和低潮的時候，這也同樣會反映在工作上。當一個人情緒好的時候，他人的過錯都比較容易包容，從而減少了相互間衝突的機率，而情緒差的時候則剛好相反。

管理者不可能隨時去留意每一名員工的情緒，要想從根本上解決問題，只有給員工製造一個競爭對手，引起他們的關注，從而引導他們的情緒。

有一家鑄造廠，該廠的老闆經營了好幾個工廠，但其中有一個工廠的績效並不好，從業人員也沒有太大的衝勁，不是缺勤，就是遲到早退，交貨總是延誤，員工間也經常鬧矛盾。該廠的產品品質低劣，消費者抱怨不斷。雖然這個老闆已經指責過該廠管理人員，也用過很多辦法激發該廠的從業人員的士氣，但永遠都沒有發揮到什麼效果。

有一天，這個老闆發現，他交代給現場管理員辦的事，一直沒有解決，於是他就親自過去解決。

這個工廠實行的是晝夜兩班輪流制，他在下夜班的時候，攔住了一個工廠的從業人員，並問道：「你們的鑄造流程一天可以做幾次？」

作業員答道：「六次！」

老闆聽完後什麼也沒說，只在地板上用粉筆寫了一個「六」。緊接著，早班的工作人員進入工廠上班，他們在工廠門口看到了用粉筆寫在地上的「六」字，隨後他們竟然改變了「六」的標準，做七次鑄造流程，並在地板上重新寫了一個「七」字；到了晚上，夜班的作業人員為了重新刷新紀錄，做了十次鑄造流程，而且在地面上寫了一個「十」字。過了一個月，這個工廠變成了這個老闆所經營的幾個工廠之中成績最好的一個了。

這個老闆只有用了一支粉筆，就重整了工廠的士氣。而員工們為何突然產生了士氣呢？這是因為有了競爭對手。作業員做事一向都是拖拖拉拉、無精打采，可是在有了競爭對手之後，便激發了他們的士氣。

每個人都有自尊心和自信心，潛在的心理都希望「站在比別人更有優勢的地位上」，或「自己被當成重要的人物」。從心理學角度而言，這種潛在心理就是自我超越的慾望。有了這種慾望之後，人類才會努力成長。也就是說，這種慾望是構成人類衝勁的基本因素。

這種自我超越的競爭慾望，在有特定的競爭對象時，其意識會特別的鮮明。比如一個學生，在他想得第一名的時候，他就會產生打垮競爭對手的意識，所以他才會更加地努力用功。

只要能夠正確地利用這種心理，並設定一個競爭對象，讓對方知道這個競爭對象的存在，就一定能成功地激發一個人的衝勁，但是如果我們以直接的方式告訴對方，說：「他就是你的競爭對手」，效果則較差，因為這樣好像是給了對方一個強制性的壓力，使對方有了警戒的心理，反而會在心理上產生一定程度的反抗。

二、讓員工充滿競爭意識

有競爭才有壓力，有壓力才會有動力，有動力才會有活力。企業引進競爭機制，培養員工的競爭意識，能有效地激勵員工追求上進，激發他們的學習動力，轉移他們的興奮點，從而減少矛盾而公司上下也將生機勃勃。這是管理者做好管理工作的藝術，也是企業取得成功的關鍵。

舉例說明：兩個人在森林裡，突然遇到了一隻老虎。喬治趕緊從背後取下一雙更輕便的運動鞋換上。

丹尼爾急死了，喊道：「你幹嗎呢，就算換了鞋子也跑不過老虎啊！」

喬治說：「我只要跑得比你快就好了。」

企業之間的競爭猶如大魚吃小魚般的殘酷，但人才競爭又何嘗不是獅子和羚羊之間的比拼。沒有危機感是最大的危機。管理中的競爭原則會告訴每個員工，隨時準備一雙輕便的跑鞋，隨時迎接迎面而來的諸多變數。

每個在商戰中打拼的人都希望自己能趕在別人的前面，更快、更準地在第一時間發現新的契機。他們深知「早起的鳥兒有蟲吃」這個道理，但是任何企業都有其成長的最佳速度，當企業發展過快時就會自動調整以適應企業的發展，對於企業的員工來說，更應該協同企業發展，規劃自己的職業生涯，落後於企業的發展就會被淘汰，超過企業發展速度就會對複雜的企業管理系統不滿，產生頹喪情緒，產生最嚴重的進取無力感，甚至成為放棄行動的藉口。

適當的競爭機制可以讓這些希望快速發展的員工感到成就感，釋放與企業發展不協調而產生的無力和頹喪情緒。

每個員工都要培養自己的競爭能力，使得自己變得不可替代，這也成就了自己在這個企業裡的地位。員工在競爭環境中的自我超越，不會影響企業原有的良好管理。

員工在企業的競爭性學習氛圍中，諸如培訓、比賽、娛樂等等，逐漸發現自己的優勢，構建工作信心，培養工作激情，協調相互關係，並能更好地將個人價值感和企業價值結合起來。

三、防止惡性競爭

每一位管理者都應該十分明白：無論在什麼樣的條件下，員工之間是一定會存在競爭的，但競爭分為良性競爭和惡性競爭，惡性競爭最容易引發員工衝突，管理者的職責就是要遏制員工之間的惡性競爭，並在遇到員工之間進行競爭時，積極引導他們參與到有益的良性競爭中。

每個人對美好的事物都有羨慕之心。這種羨慕之情來源於對別人擁有而自己沒有的好的東西的嚮往。

關係親密的人，這種羨慕之心尤為顯著。你也許不會去羨慕柯林頓能當美國總統，但是你可能會對你同事升遷為經理一事羨慕不已。這種情感有時會因為某種關係的確定而消失，例如：由戀人而變成夫妻，對方的長處就會被另一方共同擁有，此時這種羨慕的想法就會消失，而當這種關係親密的人的角色不能轉換時，羨慕之情就會一直維持下去。

比如說大家抬頭不見低頭見，工作上又相互較勁的同事之間；學習成績不相上下，又競爭同一所知名大學的同學之間。一般而言，越是親近，越是熟悉的人之間越是容易產生羨慕之情。女人往往比男人更容易產生羨慕之心。

有的下屬羨慕別人的長處，就會鞭策自己，努力工作、刻苦學習，趕緊超越對方。這種人會把羨慕渴求的心理轉化為學習、工作的動力，透過與同事的競爭來縮短彼此間能力的差距。

這種良性競爭對部門有著很大的好處，它能促使部門內的員工之間形成你追我趕的學習、工作氣氛，每個人都積極思索著如何提高自己的能力，掌握更多的技能，從而取得更大的成就。這樣一來，整個部門的整體水準就會不斷地提高，充滿生機與活力。

但並不是所有的人都明白「臨淵羨魚，不如退而織網」的道理，他們由羨慕轉為忌妒，甚至是嫉恨。這種人不但自己不思進取，相反還會想出各種見不得人的花招打擊比他們強的人，透過使絆、誣蔑等手段來拉先進的後腿，讓大家扯平，以掩飾自己的無能。

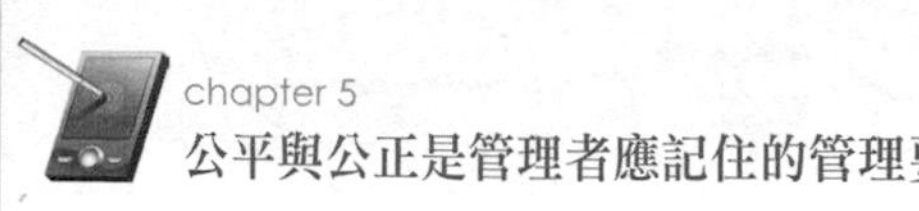

這種惡性競爭只會影響了先進者的積極性，使得部門內人心惶惶，員工之間戒備心變強，提高警惕以免被暗箭所傷。如果整個部門長時間形成了這樣的氣氛，那麼員工的大部分時間與精力都會耗在了處理人際關係上，就是身為管理者的你也會被如潮湧來的相互揭發、抱怨給淹沒，這樣的部門你還能有什麼指望呢？

在這樣的公司裡，大家相互抗拒，工作不能順利完成，誰也不敢冒出頭，因為先出頭的人會先被當成箭靶。人人都活得很累，但是公司的業績卻平平。

如果你是一位老闆，平日一定要關心員工的心理變化，在公司內部採取措施，防止惡性競爭，積極引導手下的員工參與到有益的良性競爭中。

總之，老闆是一個公司的核心和模範，他的所作所為對於這一公司的風氣形成發揮了至關重要的作用。管理者必須從制度上和實踐上兩方面入手，遏制員工的惡性競爭，積極引導員工進行良性競爭，讓大家齊心這樣才能讓公司的工作才能越做越好。

四、讓員工有危機感

讓員工保持一定的危機感，能夠激發他們原有的潛力。

優秀的員工通常能夠在某些壓力下工作得很好。如果公司尚不存在這種壓力，就應該從外界把這種壓力引進來，製造一種積極的緊張氣氛，使其更具活力。

日本本田公司也曾一度陷入發展困境，公司的總裁本田宗一郎認為，如果將一個公司的員工進行分類，大致可以分為三種：不可缺少的能幹的人才；以公司為家的勤勞人才；終日東游西蕩、拖企業後腿的蠢才。而本田公司最缺乏前兩種人才。

但本田也知道，若將終日東游西盪的人員完全淘汰，一方面會受到工會方面的壓力；另一方面，企業也將蒙受巨大損失。這些人其實也能完成工作，只是與公司的要求與發展相距遠一些，如果全部淘汰，顯然是行不通的。經過再三的考慮，本田找來了自己的得力助手、副總裁宮澤，並談了自己的想法，請宮澤出主意。宮澤告訴他，企業的活力根本上取決於企業全體員工的進取心和敬業精神，取決於全體員工的活力，特別是企業各級管理人員的活力。

公司必須想辦法使各級管理人員充滿活力，即讓他們有敬業精神和進取心。本田詢問有何良策，宮澤給本田講了一個挪威人捕沙丁魚的故事，引起了本田極大的啟發。

挪威漁民出海捕沙丁魚，而活沙丁魚的賣價要比死魚高出許多倍。因此，漁民們想盡辦法讓魚活著返港，但種種努力都失敗了。只有一艘漁船卻總能帶著活魚回到港內，收入豐厚，但原因一直未明。直到這艘船的船長死後，人們才揭開了這個謎。原來這艘船捕了沙丁魚，在返港之前，每次都要在魚槽裡放一條鯰魚。放鯰魚有什麼用呢？鯰魚進入魚槽後由於環境陌生，自然向四處游動，到處挑起摩擦，而

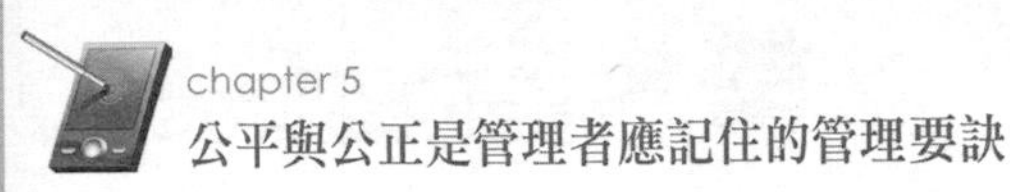

大量沙丁魚發現多了一個「異己分子」，自然也會緊張起來，加速游動。這樣一來，就一條條活蹦亂跳地回到了漁港。

宮澤最後補充說：「其實人也一樣，一個公司如果人員長期固定不變，就會缺乏新鮮感和活力，容易養成惰性，缺乏競爭力。只有外面有壓力，存在競爭氣氛，員工才會有壓迫感，才能激發進取心，企業才有活力。」

本田深表贊同，他決定去找一些外來的「鯰魚」加入公司的員工隊伍，製造一種緊張氣氛，發揮「鯰魚效應」。

說到做到，本田馬上著手進行人事方面的改革，特別是業務部經理的觀念離公司的精神相距太遠，而且他的守舊思想已經嚴重影響了他的下屬。必須找一條「鯰魚」來，儘早打破業務部只會維持現狀的沉悶氣氛，否則公司的發展將會受到嚴重影響。經週密的計劃和努力，本田終於把松和公司業務部副理，年齡只有三十五歲的武太郎挖了過來。

武太郎接任本田公司業務部經理後，首先制定了本田公司的行銷法則，對原有市場進行分類研究，制定了開拓新市場的詳細計劃和明確的獎懲辦法，並把業務部的組織結構進行了調整，使其符合現代市場的要求。

上任一段時間後，武太郎憑著自己豐富的市場行銷經驗和過人的學識，以及驚人的毅力和工作熱情，得到了業務部全體員工的好評。員工的工作熱情被極大地提高起來，活力大為增強，公司的銷售出現了轉機，月銷售額直線上升，公司在歐美及亞洲市場的知名度不斷提高。

本田對武太郎上任以來的工作非常滿意，這不只有在於他的工作表現，而且業務部作為企業的龍頭部門帶動了其它部門經理人員的工作熱情和活力。本田深為自己有效地利用「鯰魚效應」的作用而得意不已。

從此，本田公司每年重點從外部「聘用」一些精明能幹、思維敏捷三十歲左右的主力軍，有時甚至聘請常務董事一級的「大鯰魚」，這樣一來，公司上下的「沙丁魚」都有了觸電似的感覺。

第六篇

和諧的關係是提高管理效率的潤滑劑

如果下屬對上司心存反感，有一肚子的怨氣，
那麼管理者的管理成效必然大打折扣；
相反，如果上下級之間關係和諧，
下屬總是心情愉快地接受工作，
並盡心竭力地去完成工作，結果自然大相徑庭。
作為管理者要懂得關心、愛護下屬，
做員工的貼心人，這樣，
和諧的上下級關係就會不期而至。

站在員工的立場考慮問題

在企業中，管理者和員工是不同群體，他們各自有著不同的需要。管理者絕不能將自己的感受強加在員工身上。

管理者需要知道員工的感受，並且在處理自己的工作時應該把這點也考慮進去。通常，在你認為你考慮了員工的感受時，你真正在做的，只不過是想如果你站在他們的立場時，你會怎麼想，你會怎麼做。

如果你不仔細揣測員工的感受，又沒有從他們那裡得到足夠的訊息，你肯定會暴露出對員工瞭解的不足。一旦你把一些莫須有的看法套在員工身上，員工就會對你失去信心，並會因為你不瞭解他們而覺得受到傷害。有時候在極端的情況下，他們會覺得受到了玩弄而變得反抗性十足。

對員工而言，管理者是站在河的另一邊。所以一般而言，管理者往往只能從他的利益或觀點來看事情。這就要求管理者要養成換位思考的習慣，經常去站在對方的立場上，感覺一下他們的看法是什麼？

如果你想要瞭解員工，做個受歡迎的管理者，那麼你必須這樣做：讓他們說話，試著讓自己站在他們的立場上考慮問題。

大多數企業在經營不景氣的時候，往往會以裁員的方式渡過難關，而這種忽視員工需求的做法，很容易打擊下屬的工作熱情，從而使領導者的能力及威信大打折扣。

有些領導者，一旦受到不景氣的衝擊，就把一切危機推給員工，這無疑就是擺脫責任，消磨下屬的鬥志。真正博得人心的管理者絕不會因為一時的經濟不景氣而對員工「大開殺戒」。如果他們懂得患難見真情，並與員工同舟共濟，共渡難關。員工也會知恩圖報、誓死效忠。

一九二九年，在美國經濟大蕭條的衝擊下，各公司紛紛減員減薪，希望能渡過難關。減薪的標準都遵從最大的公司——美國鋼鐵公司的模式。因為長期以來，大家都已經習慣了跟在這家大公司的後面，亦步亦趨，誰也不敢越雷池一步，生怕弄不好引起怒潮而垮台。

唯有美國國際鋼鐵公司的老闆威耶沒有理會這一套，他進行了一下分析和預測計算，果斷地決定把本公司員工的薪資進行大幅度削減。

這一消息傳到公司的高階職員耳中，立刻引起一片嘩然。許多高階職員紛紛向威耶進言，勸他要謹慎從事。因為當時的勞資關係已經很危急，這種減薪的做法無異於火上澆油，處理不好後果不堪設想。

但威耶絲毫不為之所動，他謝過了這些高階職員的好心，並回答他們說：「現在是關鍵時刻，問題並不在於減薪的多少，而是要看每個企業能維持多久。」

他進一步解釋說，有些公司雖然減薪少，但卻支援不了多久，其最終結果無非是倒閉，全體人員都要失業，大家更加倒霉，與其如此，還不如下決心多減薪來支援公司渡過難關。

於是，威耶召開公司大會，親自向工人們講話。開始時會場的秩序很亂，會場裡議論紛紛，有些人的情緒非常激動，幾乎要轟威耶下台。

威耶冷靜地向工人們分析了利弊，他說：「我們公司之所以多減薪是從長遠的角度來考慮的。」他停頓了一下，繼續解釋說：「如果照別的公司那樣減薪，那麼，用不了半年，本公司就會倒閉，每個人以後的生活就會更加的困難。我這樣決定是為了大家的共同利益，我可以向你們保證，本公司一定可以平安地渡過這一非常時期。」

最後，他又號召大家同舟共濟，全力赴難。

情況的發展果然如威耶所預料的那樣，時隔不久，有三家公司因為經受不了經濟蕭條的衝擊，先後倒閉了，而威耶所管理的國際鋼鐵公司卻堅強地挺了下來，甚至還有了一些新的發展。

一九三三年，當經濟情況開始好轉的時候，威耶為了達到當初的諾言，把員工的薪資大幅調高十五％。一九四一年，他又再次為公司員工加薪，把每小時的薪資增加了十％。

ＩＢＭ的創立總裁華先生，在他離開ＮＣＲ到ＣＴＲＣ（ＩＢＭ前身）時，面臨的首要問題是資金的匱乏與人員的過剩。資金的匱乏依靠華先生的信用，得到了摩根財團的投資，餘下的就是人員過剩的問題。

ＣＴＲＣ的那些主管都向華先生提議裁員以渡過難關，但華先生卻反對那樣做。他說，裁員對公司而言是為經營合理化不得已而做出的決策，但對員工而言卻是影響一生的問題。

所以即便是人員過剩或者是人員的能力不足，也不能輕易裁員。於是，華先生從訓練原有的員工開始做起，並未裁減公司中的任何一人。

一九八九年，華先生總結了如下三條就業保險方針：啟蒙公司員工；工作的內容發生變化時，實施再放棄；對現在從事的工作感到困難時，給予其它的工作機會。

但這並非表示ＩＢＭ就沒有裁員的事，只是說明公司在採取解僱手段之前決不放棄爭取任何機會的努力，為過剩的人員尋求新的工作機會。

一個企業有了真正關心員工利益的管理者，哪個員工不為之感動，為之奉獻，為之拼搏，為之努力？危機是檢驗管理者能力的一把有力尺度，是一塊試金石。庸者落馬，能者上馬。只有率領員工衝破層層危機，臨危不懼的管理者，才會得到員工的崇敬與仰慕，才會成為一面永遠不倒的旗幟，才能真正地把握住員工的心，才能和全體員工一起創造一個又一個的輝煌。

關鍵時刻給予下屬必要的支持

作為一名管理者，在關鍵的時刻給予下屬必要的支持，將會使下屬永遠記住你的恩惠。

某科長由於動不動便指責下屬，所以深受科員的鄙視。某天，科長的上司也就是處長，怒氣沖沖地跑進科長辦公室裡，無視科長的存在，指著寫報告的人說：「寫的什麼報告？」此時，那位經常指責下屬的科長卻適時地站了出來說：「是我要他這樣寫的，責任由我來擔！」

從此以後，該科的氣氛完全改變過來了，科長雖仍如同過去一般動輒破口大罵下屬，但科員對科長的態度卻已與從前大為不同。因為，他們意識到：「科長是真的在替我們設想。」並產生上司與下屬間的信賴關係，整個辦公室因此充滿朝氣。

員工在公司裡受到指責時，如果能夠得到上司的庇護，他們在心理上無疑將獲得莫大的安慰。有的管理者在遇到工作進行不甚順利時，難免會發牢騷，並將責任推給下屬，此種管理者必然無法獲得下屬的尊敬。相反地，一位願意承擔一切責任的管理者，則必定贏得下屬的信賴與愛戴。身為管理者對此不可不知。

一般而言，既努力工作而又懂得玩樂的人，必是精明幹練之人，他善於將工作及休息做適當的安排和調整。要知道，充滿衝勁，執著工作固然難能可貴，但絕不能陷於固執。因為，當人們固執於某事時，就會感到身不由己，對於事物的觀點也會變得僵化狹隘。但如果能在工作之外，盡情遊玩，避開固執的念頭，便可恢復以新奇的眼光觀察身邊事物的活潑心態。

然而，對於工作閱歷較淺的下屬而言，與其說是不善於轉換此種心境，不如說是不善於把握此種轉變的時機。當工作陷入僵局時，愈是想以固執的衝勁予以克服，對於事物的觀點往往愈是侷限、狹窄，並使原有的意願大打折扣。管理者在目睹此種狀態時，不妨利用適當的時機轉換其心境，這也可以說是身為管理者應有的職責。所謂轉換心境，即令下屬立即停止工作，但也沒有帶其去飲酒作樂的必要。當然，也可將一件小事轉交他去辦。總之，只要立即中斷其陷於僵局的工作即可。如此一來，當其重新回到原來的工作上時，必然可從不同的角度，找到解決問題的辦法。

總之，在下屬遇見難以解決的問題或不得不承受的尷尬時，該幫就需要立即幫忙。

當好員工的家長

任何企業都是由人組成的，人是企業中最重要的組成元素，企業的發展離不開人。只有關心員工，上下同心，才能在企業中形成團結向上的氣氛。從某種意義來說，一個企業就是一個大家庭，而管理者就是這個大家庭的「家長」。

美國ＩＢＭ公司提出的口號是「尊重個人」，如果員工不能在公司受到尊重，就談不上員工能夠尊重和認同公司的管理理念和企業文化。作為管理者，更應該身體力行，把尊重員工落到實處。而不只是停留在口頭。

尊重員工首先是尊重員工的言行，管理者應該最大限度地與員工進行平等的溝通，而不是對員工的言行不聞不問。讓員工能夠在上司面前自由地表達自己的意見和看法，這一點非常重要。尊重員工還表現在尊重員工的價值觀。公司的員工來自不同的環境，有著各自的背景，所以每個人的價值觀也會不盡相同。只有尊重員工的價值觀，才有可能讓他們融入公司的管理理念和企業文化中。

美國的許多成功企業家，都十分尊重自己的員工。

美國著名企業家埃絲黛・勞德說過：「員工是我最重要的財富。」美國惠普公司創立人惠利特說：「惠普公司的傳統是設身處地為員工著想，尊重員工，並且肯定員工的個人成就。」該公司也是這麼做的，在二十世紀七〇年代經濟蕭條時期，他們堅持不裁員，上下一心渡過了難關。

在尊重員工方面，日本的企業家表現得似乎更為出色。

日本著名企業家松下幸之助先生曾說過：「當我看見員工們同心協力地朝著目標奮進，不禁感動萬分。」所以，他提出並倡導社長「替員工端上一杯茶」的精神。松下先生認為：一旦社長有了這種溫和謙虛的心胸，那麼，看見負責盡職的員工，自然會滿懷感激地說：「真是太辛苦你了，請來喝杯茶吧。」松下先生的意思是，社長也不一定親自為員工倒茶，但是，如果能夠誠懇地把心意表達出來，就可以使倦怠的員工感到振奮，從而提高工作效率。松下先生還說：「即使是公司的職員眾多，無法向每個人表示謝意，但只要心存感激，就算不說，行動也自然會流露出來，傳達到員工心裡。」這裡所表現的正是尊重員工的精神。

法國業界有句名言：「愛你的員工吧，他會百倍地愛你的企業。」國外有遠見的企業家從勞資衝突中悟出了「愛員工，企業才會被員工所愛」的道理，因而採取軟管理辦法，的確也創造出了若干工人與老闆「家庭式團結」的神話。

原本，日本的老闆對員工的盤剝是很苛刻、很兇狠的。根據報導，在東京街頭曾有日本工人聲勢浩大的反對老闆盤剝，要求增加薪資的大遊行。但人們又熟知，日本的企業家很重視企業的「家庭氛圍」，在尋求和建立員工與企業之間的「情感維繫的紐帶」方面取得了豐富的經驗。他們聲稱要把企業辦成一個「大家庭」，因而注意為員工謀福利，為員工過生日，當員工結婚、晉升、生子、喬遷、獲獎之際，都會受到企業領導人的特別祝賀，這一套又的確使不少員工感到：企業是自己的家。

日本的桑得利公司總裁島井信治郎聽到員工抱怨：「房間內有臭蟲，害得我們睡不好。」他便在晚上一個人拿著蠟燭在屋子裡抓臭蟲。後來對公司的發展發揮了重要作用的佐田在剛進入公司不久，他的父親去世了，島井信治郎率領全體員工到殯儀館幫忙，喪禮結束了，島井信治郎又叫了一輛計程車，親自送佐田和他的母親回家。佐田後來當上了主管，常對人提起這樁事：「從那時起，我就下決心，為了老闆，即使是犧牲生命，也在所不辭。」

英國和美國成功的企業家與日本企業家的做法不謀而合。英國馬獅公司的董事長西夫勛爵經常到各分店與員工談心。遇到氣候惡劣，如大雪阻斷交通時，他必定前往有關分店，向不顧天氣惡劣仍來商店堅持工作的店員表示感謝。本來，打一個電話就足以表示這種感謝，但西夫勛爵卻認為，要想有效地表達最高管理層由衷的讚賞，唯一的辦法就是當面致謝。這種做法，表現了公司對努力工作的員工的重視和敬意，取得了良好的效果。公司建立一百多年來，以其經銷的商品質地可靠、價格公道、服務優良，蜚聲英倫三島。

在美國，當別的經理都在忙於與工人對立、與工會鬥法時，國民收款機公司的創始人帕特森卻探求出一條新的道路。他為員工在公司建築物裡建造淋浴設施，供上班時間使用；開辦內部食堂、提供廉價熱飯熱菜；建造娛樂設施、學校、俱樂部、圖書館以及公園等等。別的企業經營者對帕特森的做法大惑不解，甚至嘲笑他這是愚蠢的做法，但他說，所有這些投資都會取得收益的。事實證明瞭他的成功。

惠普公司則用定期舉行「啤酒聯歡會」的辦法來維繫與員工的感情，增強「家族感」。全體員工可以在聯歡會上暢懷痛飲，一醉方休。豪飲中，穿插著各種節目，必不可少的「節目」是唱公司的歌，宣讀公司的宗旨，公佈公司的經營狀況。公司領導人也正是在這個時候，頻頻舉杯，大張旗鼓地表彰每一位值得表彰的員工。也正是在這個時候，員工們七嘴八舌，無所不談，感情在杯盤之間流動，上下左右之間的距離拉近了，親近感增強了，家族感上升了，員工們感到自己沒有被冷落，而是受到公司的重視，因而激發起一種更加努力工作的熱情。

要做一名稱職的「家長」，就必須做到尊重、關心和愛護員工，把員工作為企業的立足之本，使他們對企業更加忠誠，從而最終使企業繁榮昌盛。

讓企業充滿人情味

企業的成功是全體員工共同勤奮努力的結果。一個管理者在駕馭企業員工情感的基礎上，充分地重視他們的價值，為他們提供廣闊的成長空間，匯聚員工的能量，從而促進企業的發展。

員工喜歡人情味濃的公司，是因為這些公司能給他們帶來精神上的滿足。按照馬斯洛需求層次理論，在人們基本生理需求和安全需要得到保證後，就會向更高階次的受尊重和自我實現的需要發展著。

相比薪酬等硬性物質條件，人情味是軟性的，但它對員工的感召力、吸引力卻是有過之而無不及。員工是人，不是機器，不是原物料，他們需要得到心靈的關懷和慰藉。如果企業只是一味提高薪酬標準，而沒有相應的人情追加，在員工看來，這只是應得的回報，與公司對待機器和原物料沒有什麼本質的差別。追加人情因素，給員工發出的信號是把他們看作公司的主人，看作公司的「合作夥伴」。

員工心目中的好公司無一不是把對員工的管理定位於人本管理上，鮮明地認識到人是企業中最活躍的，最具能動作用的因素，企業的發展取決於人的積極性、主動性和創造性的充分發揮，而不單是幾個高階決策者所謂的「高明」決策。企業不是幾個人的企業，而是所有員工的企業，是一個凝聚為整體的團體的企業。用心去觀察把握，才是最高明的人本管理理念。

人情味濃的公司增進的不只有是員工的歸屬感，還能透過營造一種寬鬆的發展環境，使員工的潛能充分發揮，讓企業迸發出旺盛的生機和活力。管理員工，制度當然重要，但絕不是唯一的，也不是最主要的，因為制度「鐵面無私」，「冷冰冰」，壓抑員工的情感。這些嚴謹有序但死氣沉沉的制度，也許能規範員工的行為，但不會激發他們的創造潛能。潛能的發揮要靠寬鬆的環境和舒暢的心情。營造人情味的環境，給員工的感覺是，你不必拘泥於死板的模式，你可以在一定的自由空間內揮灑自己的才華，鼓勵有加，又容許失敗。在這樣的氛圍中，每個員工都爭先恐後貢獻自己的才能，由此形成的企業可持續發展的良性機制，比一千個、一萬個制度都要強一千倍，管用一萬倍。

由此可見，不只有員工喜歡人情味濃的公司，從公司自身發展的需要看，營造人情味其實也是營造向心力、活力和競爭力，是促進員工與公司「雙贏」相輔相成的人本管理的重要手段。

放下自己的「架子」

日本某礦業公司的一位董事長在他年輕時，因為自己工作上急於求成，遇事常急躁衝動，把事情辦得很糟，結果被貶到基層礦山去擔任一個礦的礦長。在到職歡迎酒會上，由於他一不善喝酒，二不善辭令，以致被老職員們認為是一個不講人情的上司，年輕的職員和礦工們對他更是敬而遠之。他在礦裡一度很被動，工作展開不起來。

這樣悶悶過了大半年後，在過年前夕，舉辦同樂會，大家要即興表演節目。他這時在同樂會上唱了幾句家鄉戲，贏得了熱烈的掌聲。連他自己也沒想到，那些一向對他敬而遠之的部下們，會因此而對他表示如此的親近和友好。此後他還在礦上成立了一個業餘家鄉戲團。從此，他的部下非常願意和他接近，有事都喜歡跟他談。他也更加與部下貼心了，由過去令人望而生畏的人變成了可親可敬的人。在礦上無論一件多難辦的事，只要經他出面，困難就會迎刃而解，事情定能辦成。由此這個礦的生產突飛猛進。因為他工作有能力，而且如此得人心，後來他榮升為這個公司的董事長。

他升為董事長後，有一次在工廠開現場會，全公司的重要人物都出席了。會上大家都為本年度的好成績而高興，於是公司總裁的祕書小姐提議使大家在高度歡樂中散會。她想出一個辦法，把一個分公司的副經理拋到噴泉的池子中去，以此使大家的歡樂達到高潮，總裁同意這位小姐的提議，就和這位董事長打招呼，董事長表示這樣做不妥，決定由他自己——公司最高領導者，在水池中來一個旱鴨子游水。

董事長轉向大家說：「我宣布大會最後一個專案就是祕書小姐的建議：她叫我在泉水池中來一個旱鴨子戲水，我同意了，請各位先生注意了，我就此做表演。」於是他跳入池中，游起泳來，引得參加會議的幾百人鬨堂大笑。

事後總裁問他：「那天你為什麼親自跳下水池，而不叫副經理下去呢？」

董事長回答說：「一般說來，讓那些職位低的人出洋相，以博得眾人的取笑，而職位高的人卻高高在上，端著一副架子，使人敬畏，那是最不得人心的了。」董事長這些話喚醒了總裁，使他和董事長一樣，在平時注意與部下打成一片，學到了辦好企業的招數。

記住員工的姓名

作為下屬，誰都希望自己受到上司的重視。特別是在規模比較大的企業中，管理者若能從眾多員工中輕易地叫出其中一名的姓名，對方將感到非常的榮幸。

要想成為優秀的管理者，你得將每個員工都看成一個完整的、活生生的個人。開始時，不管你管理的團體有多大，在四處走動時，至少能叫得出每個人的名字。有人說凱撒大帝能叫得出他軍團裡成千上萬人的名字。他喊他們名字，然後他們為他在作戰時賣命。

的確，任何主管都希望員工知道自己的名字，反過來說也是如此。記住員工的名字，因為他們值得一記，因為記住他們的名字，主管才能進一步去瞭解他們；記住他們的名字，你去看他們和讓他們看你才有意義。美國西屋公司董事長道格拉斯・丹佛斯說：「主管越能明白員工個人狀況，就越能明白誰可任用。」

因此，假若你管理的是一個大團隊，至少你應該知道幾個員工的名字，假若你管理的團隊較小，那你是再幸運不過的了！你可以知道得更多一點。

美國前總統羅斯福知道一種最簡單、最明顯、最重要的得到好感的方法，就是記住對方的姓名，使人感到受重視。克萊斯勒汽車公司為羅斯福製造了一輛汽車。當汽車送到白宮的時候，一位機械師也去了，並被介紹給羅斯福，這位機械師很怕羞，躲在人後沒有與羅斯福談話。羅斯福只聽到他的名字一次，但他們離開羅斯福的時候，羅斯福尋找這位機械師，與他握手，叫他的名字，並感謝他到華盛頓來。

拿破侖三世曾自誇說，雖然國務很忙，但能記住每個他所見過的重要的人的姓名。這說明，能不能記住員工的姓名，與忙不忙沒有必然的關聯，關鍵在於是否尊重自己的員工。

當然，記住員工的姓名，並不是一件輕而易舉的事，需要下一點功夫。一般記住大量人的名字的方法，主要有如下幾點：

一、當對方介紹姓名時，要聚精會神，並記在心裡

有的人雖主動問對方「尊姓大名」，但對方介紹時又心不在焉，對方還未走，已經忘記了他是誰，哪裡還談得上下次見面！有的人記憶力強，有的人記憶力差一點，這是事實。如果記憶力差，可以說：「對不起，我沒有聽清楚。」讓他再說一遍，加深記憶。還可以在聽的時候，一邊用每個字造成一個詞或者一個詞組，來加深記憶。比如，你的員工叫馬勝長，你就說馬到成功的「馬」，勝利在望的

「勝」，長命百歲的「長」，這就使你印象深刻多了。

二、記住每個人的特徵

人有多方面的特徵，有外形的特徵，如眼睛特別大，鬍子特別多，前額很突出等等；有職業上的特徵，如他技術最好，在某一技術、學識上有受人稱道的雅號等等；名字上的特徵，有的人名字故意用些生僻的字，或者很少用來作名字的字，有的人名字與某幾個人的名字完全相同，這本來是沒有特徵的，但可把「同姓共名」作為一個特徵，再把他們區別開來就容易了。把名字與這些特徵連結起來，就不容易忘記了。

三、準備個小筆記本

如果是重要的客人，切不可當面拿出小筆記本來，只能背後追記。但對員工，你可以說：「我記憶力差，請讓我記下來。」員工不但不會討厭，還會產生一種尊重感，因為你真心實意想記住他的名字。為了防止以後翻到名字也回憶不起來，除了記下名字以外，還要把基本情況如部門、性別、年齡等記下來。這個小筆記本要經常翻一翻，一邊翻一邊回憶那一次會見此人時的情景，這樣，三年五載以後再碰到此人，你也可以叫出他的名字來。

四、多與員工接觸，百聞不如一見

有不少的主管，一有時間就深入到基層，與他的員工們一起做事、一起娛樂、促膝談心或是共商良策。這樣的領導者，不但能叫出員工的名字，連員工在想些什麼都能說得出來。

管理者要想做好工作，必須與員工打成一片，建立起和諧融洽的關係。如果把自己放在高不可攀的位置上，製造一種神祕感，讓員工仰首而視，敬而遠之，上級與下級油水分離，下級對上級俯首聽從，這樣是絕對做不好工作的。只有關係融洽了，員工才可能更積極主動，把工作做得更好。

有這樣一位領導者，他經常不在辦公室裡，一有時間就到員工中去，今天這個工廠，明天那個科室。員工稱他為「遊擊司令」。這個「司令」的腦子裡有一部員工的活檔案：誰的家庭情況怎樣，工作有什麼特點，經常鬧什麼情緒，甚至脾氣、興趣如何，他都一清二楚，與工人談起話來十分親切投機，員工有什麼心裡話都願意跟他說。假如他高高在上，員工幾個月也見不到一次面，就不會有這樣水乳交融的場面。

孟子說：「人之相識，貴在相知；人之相知，貴在知心。」一個領導者，如果總是把自己的內心世界封閉起來，員工從來不知道他想什麼，聽不到他一句心裡話，那他與誰也交不上朋友。只有向員工敞開心扉，把心交給員工，與員工心心相印，無話不談，員工才能信任他、親近他，也才能對他坦誠。領導者可以把本企業面臨的形勢、工作上的打算、遇到的困難和自己的苦衷，誠懇坦率地告訴員工，讓大家幫忙出主意、想辦法，工作就會做得更好。我們不能搞「民可使由之，不可使知之」那一套，那是「愚民政策」，同當代的主管原則是格格不入的。

每一個人都希望有人關心，尤其希望得到領導者的關心。有時一句親切的問候，一番安慰的話語，立刻會使他感到心裡熱乎乎的，增添了無窮的力量。當一個人思想上有什麼疙瘩，生活上有什麼困難，工作上遇到什麼挫折時，他都希望得到領導者給予的幫助和體貼。而在感受了領導者的關心之後，他很自然地就會想到：主管這樣關心自己，自己還有什麼理由不好好工作呢？

員工所希望於領導者的，不只是對個人生活的關心，還希望主管能廣開言路，傾聽和採納自己的意見與建議。如果一個企業員工有這樣的反映：「領導者不讓我們講話」、「我們只有幹活的義務，沒有說話的權利」，那就糟了。所以應當注意，在制定計劃、指派工作時，不要只是主管單方面發號施令，而應當讓大家充分討論，發表意見。

在平時，要創造一些條件，開闢一些管道，讓大家把要說的話說出來。如果不給員工發表意見的機會，久而久之，他們就會感到不被重視，抑鬱寡歡，工作也感到索然無味，喪失主觀能動性，有的人甚至會發作起來，產生一些矛盾。領導者不只有要透過各種方式主動徵求意見，搜集看法，還要從制度和措施上鼓勵大家獻計獻策，正確的及時採納，突出的給予獎勵。如果下屬煞費苦心提出的寶貴建議，領導者根本不認真對待，這就會嚴重挫傷大家的積極性，以後也就不會再有人那樣熱心了。

有人說，在新時期不提倡「主管手上要有與工人一樣多的老繭，身上有一樣多的泥巴」。這話有一定的道理。但是，如果據此而得出結論，說領導者就不需要深入基層，不需要與員工同甘共苦，那就錯了。特別是在一些危急時刻、關鍵場合，領導者應當出現在那裡，帶領大家奮戰，這樣才能與員工建立起生死與共、禍福同當的深厚感情。

對員工進行感情管理

人是有著豐富感情生活的高階生命形式，情緒、情感是人類精神生活的核心成分。「有效的管理就是最大限度地影響追隨者的思想、感情乃至行為」。

作為管理者，只有依靠一些物質手段激勵員工，而不著眼於員工的感情生活，那是不夠的，與員工進行思想溝通與情感交流是非常必要的。

現代情緒心理學的研究表明，情緒、情感在人的心理生活中發揮著組織作用，它支配和組織著個體的思想和行為。因此，感情管理應該是管理的一項重要內容，尊重員工、關心員工是做好人力資源開發與管理的前提和基礎，這一點對技術創新型企業尤其重要。

美國著名的情緒心理學家拉扎勒斯提出，目前面臨的事件觸及個人目標的程度是所有情緒發生的首要條件，當該事件的進行促進個人目標的達到時，產生積極的情緒情感，反之，則會產生消極的情緒情感。

目標是個人追求的一種生活境界，它表現為個人的理想、願望、對未來生活的一種期盼，一般存在三類心理目標：與生存有關的目標、與社會交往有關的目標、與自我發展有關的目標，簡稱為生存目標、關係目標、發展目標。如果某些管理行為能夠促進員工的個人目標向預期的方向發展，就會產生積極的情緒情感；反之，就會產生消極的情緒情感。

斯特松公司是美國最老的製帽廠之一，一九八七年時公司的情況非常糟糕：產量低、品質差、勞資關係極度緊張。此時，當地的一位管理顧問薛爾曼應聘進廠調查。他的調查結果顯示：員工們對管理層、工會缺乏信任，員工彼此間也如此。公司內的溝通管道全然堵塞，員工們對基層主管班底更是極度不滿，其中含有了偏激作風、言語辱罵、不關心員工的情緒等問題。

透過傾聽員工的心聲，認清問題所在，薛爾曼開始實施一套全面的溝通措施，加上有所覺悟的管理層的支援，竟在四個月內，不但使員工憎恨責難的心態瓦解，同時也開始展現出團隊精神，生產能力也有提高。

感恩節前夕，薛爾曼和公司的最高主管親手贈送火雞給全體員工，隔天收到員工回贈的像一張報紙那麼大的簽名謝卡，上面寫著：謝謝把我們當人看。

美國著名的管理學馬斯・彼得斯曾大聲疾呼：「你怎麼能一邊歧視和貶低員工，一邊又期待他們去關心品質和不斷提高產品品質！他建議把能激發工作激情當成一個領導人的『硬素質』。晉升這樣的人：他們在沒當主管之前，能在他們的同事中激發工作熱情；當了主管後，在他們的員工中，甚至是在其它部門的同級人員中，激發熱情、熱心與積極性。」

很多成功企業的管理經驗證明：對員工進行感情管理，加強了員工和企業之間的相互信任，從而更有利於在企業中培育和諧的員工關係。

瞭解員工的滿意度

「你瞭解員工滿意度嗎？」恐怕多數企業都難以回答。因為他們關注的是使用者滿意度，而很少關心員工滿意度。似乎在市場經濟條件下，員工滿意度無關緊要，只有使用者滿意度才關乎企業的生存與發展。所以在不少企業，員工滿意度是一個盲點。

上海鮑率曼麗嘉飯店的管理者們永遠奉行這樣一個信條：每個員工的工作都會影響到其它同事的滿意度、客人滿意度以及飯店的最終營運情況。

在上海鮑率曼麗嘉飯店裡，工程部、客房部、餐飲部、廚房等一線的員工通常需要付出大量的體力勞動。但相對辛苦的職位並不會讓他們產生低人一等的感覺。這是因為鮑率曼麗嘉永遠強調，每一位員工的工作，都是為飯店每天的成功運轉貢獻了重要的一部分。狄高志提起一位清洗部的女士，她負責清洗客人們使用的那些精美的玻璃杯和瓷器。這位女士為自己的工作感到自豪，因為晶瑩剔透的器皿也是客人願意再次來到餐廳消費的原因；同時她還要保證器皿的流通速度，否則會影響服務生為客人服務的心情。

事實上，員工滿意度與使用者滿意度是直接相關的。道理也很簡單，員工滿意度決定使用者滿意度。員工滿意度高，為使用者提供良好的服務才有可能。在一般情況下，兩個滿意度是成正比的。一肚子怨氣或苦水的員工，是不能為使用者提供滿意服務的。如果員工總是處於一種不滿意的情緒之中，那麼結果要麼是員工自己走人，要麼是企業垮台。

所以，要提高使用者滿意度，需先提高員工滿意度。前者是「果」，後者是「因」。沒有員工滿意度這個「因」，使用者滿意度這個「果」也就無從談起。不關注員工滿意度，只在乎使用者滿意度，無異於捨源求流，緣木求魚。

一項統計數據顯示，上海市四星級以上飯店的員工流動率平均為二十二%至二十三%，而在鮑率曼麗嘉，去年這一數據只有十八%，為業界最低。「我們的員工流動率每年都在降低，更多的人願意留在這裡。」人力資源經理說。她自己就是工作了五年的老員工。在她看來，為減少員工流失、提高滿意度而做的工作，其實從招聘時就已經開始。

在飯店行業裡，鮑率曼麗嘉的招聘條件是出了名的嚴謹。它選中的員工既要擁有從事不同崗位所需的特殊天賦，其個性與價值觀也必須與鮑率曼麗嘉文化相符合。只有同時具備了這兩方面條件，員工才會真正找到歸屬感。所以決定聘用一個人之前，飯店會花很多心思和精力向他介紹鮑率曼麗嘉飯店的文化，以及瞭解他對這裡的真實感受。

可以說無視員工滿意度，對於今天的企業來說，是敗筆，也是危機。在現代企業管理中，有一條重要的理念：請把員工當客戶。只要企業能像對待使用者那樣善待自己的員工，那麼兩個滿意度都會上去，得益者自然是企業。既要想借員工之手去多「賺」使用者口袋的錢，又不能讓員工心甘情願，像這種「既要馬兒跑又要馬兒不吃草」的現象，在市場經濟條件下的企業中存在是不正常的現象。

俗話說「得人心者得天下」，即使在今天，「全心全意依靠工人階級」也並未過時。從傳統的觀點看，工人是企業的主人翁；從現代觀念看，「請把員工當客戶」，就是關注員工的滿意度。其實，關注員工的滿意度，就等於提高員工的積極性和創造性，在西方企業如此，在社會主義市場經濟條件下的企業亦然。

儘管鮑率曼麗嘉九〇%的員工薪資都是上海市五星級飯店相同職位中最高的，但鮑率曼麗嘉飯店總裁卻認為薪酬並非創造員工滿意度中最重要的因素。飯店開張的一九九八年恰逢亞洲金融危機，經營上出現一些困難，而多數員工都沒有計較收入變動而選擇與飯店共渡難關。現在也常有新開業的飯店到麗嘉來高薪挖人，但很少有員工願意去。

根據飯店的調查，讓員工最滿意的方面除了「飯店把我們當紳士淑女看待」之外，是他們的貢獻得到了充分的肯定和獎勵。這也是他們願意留在飯店並付出更多努力的最重要動因。狄高志認為，首先「要給員工一種作為個人被認可的感覺」。當經理人對一個部門或一個團隊說，你們所有的人都很棒，固然很好，但這與單獨對某一個員工說，你這件事情做得很不錯，留下的印象的深刻程度是完全不同的。如果只有表揚團體，忽視個人需要，那麼個人就會產生一種失落感。

與一些高高在上的經理們不同，鮑率曼麗嘉從總經理到各級部門總監、主管都會經常在飯店巡視，關注每位員工的工作；平時也會注意收集自己員工的興趣愛好，在獎勵他或過生日時投其所好。「作為管理者，應當多花點時間去瞭解每位員工做了些什麼特別的事情，他需要什麼樣的鼓勵和肯定。這對於讓員工保持積極心態是非常關鍵的。」狄高志說。

除了日常的關注和獎勵之外，飯店會在每個季都會正式評選出五位五星獎員工和一位五星獎經理。這個獎項由員工們相互評選，只要認為是在此期間個人表現特別優秀的，都可以獲得提名。頒獎那天，飯店舉行一個由全體員工參加的隆重晚宴儀式，被提名的員工會得到一張認可證書。最後評選出的六位除了獎金外，還被授予一座精緻的獎杯，以及一枚可以每天佩帶的五星徽章。到年底，本年度的二十四位獲獎者中會再評選出年度五星獎，有機會到麗嘉集團在全世界管理的其它飯店中去分享經驗。

其實換個角度看，關注員工滿意度也是一個重要的問題。安定團結，永遠是企業的一件大事，任何時候都馬虎不得。關注員工滿意度，實際上就是關注企業的穩定與團結。如果員工滿意度為零時，企業還能穩定嗎？

上海鮑率曼麗嘉飯店的員工有充分的理由為自己的飯店感到自豪，因為每個員工都熱愛自己的企業及工作。

對於到鮑率曼麗嘉來探尋成功祕訣的人們，總經理狄高誌喜歡以一個三層金字塔，來解釋一切的基礎來自於員工滿意度：「從下至上依次為員工滿意度、顧客滿意度和飯店盈利，所以我最重要的工作就是要保證飯店的員工們在每天的工作中都能保持愉快的心情，他們的努力決定一切。」

隨著市場經濟的不斷發展和競爭的加劇，各企業已把如何打造誠信品牌、提高客戶滿意度擺在了十分突出的位置上，這是十分必要的。但提高企業員工滿意度更不可懈怠，因為大量的工作都得靠企業員工來完成，一旦員工對企業不滿，工作就很難展開，所以在企業管理中，提高員工滿意度勢在必行。

創造輕鬆的氣氛

新力索尼公司有一個人人知曉的原則，那就是不論身在何處，位於哪一職階，只要是新力索尼公司的員工，就是大家庭中當然的、不可分的一分子，也就是每個人的好同事。

在新力索尼公司，整個氣氛輕鬆融洽，相互之間充滿友善。當然，盛田昭夫也承認並非每家公司每個時刻都是這樣。例如，豐田汽車因為一九五〇年的罷工重創，導致公司高階主管辭職。二次世界大戰以後，大大小小的罷工示威特別多，新力索尼公司也曾有過，但時間不算長。

一九七四年石油禁運，是因為勞資糾紛而導致工時損失最多的一次。那一年，日本損失了九千六百六十三萬個工作日，美國損失了四萬七千九百九十一萬個工作日，英國則損失了一千四百七十五萬個工作日。

這是一個深刻的教訓，各個國家都應引以為戒。日本也專門做了探討和改進，比歐美國家要進步很多。

根據一九八四年的統計，可以看出兩者的差距。一九八四年，日本因勞資糾紛導致罷工，損失工作日一千二百五十四萬個，美國則損失一萬八千三百四十八萬個，而英國更猛增到二萬六千五百六十四萬個。當然，因為美國的大人多，英國情況不穩定，這也有一定的客觀情況。

儘管新力索尼公司有兩個工會組織，也有許多沒有加入工會的員工，但他們之間總體而言相處得還不錯。

盛田昭夫認為，之所以公司和員工能保持良好的合作關係，主要因為員工對企業管理者的態度比較瞭解和接受，知道許多事情都是出於誠意和善意。按照盛田昭夫的話說，日本企業的發展壯大並不只有是創業家一個人可以包攬的，故而只有利用下屬作為生產工具牟取暴利，顯然是不人道的。日本的創業者在公司成立後，會招聘員工來幫助他達到理想，達到目標。但創業者一旦聘用了員工，就要將他當作同事或幫手。而不是賺錢的工具。經營者固然須時刻將股東的利潤放在心上，但也應經常為員工和同事著想，應該給這些幫助他經營、發展企業的人相應的回報。股東與員工的分量是一樣的，有時候員工甚至更重要。例如，股東為賺錢，經常會變動，但創業者和員工的關係卻一直持續下去。只要員工在公司工作一天，他就會為他個人和公司盡最大的努力作貢獻，所以員工才是公司最重要的因素。

盛田昭夫充分看到這層利害關係，因此特別強調互敬互重。不同的公司管理方式或許不同，但基礎不變，那就是建立在互敬互重的精神基礎上。畢竟從生產經營的角度而言，公司不能只有靠少數管理者，而必須靠全體員工。高階主管的職責既是管理企業，又是號召員工，關心員工是效率高低的關鍵。

因此，新力索尼公司在英國的工廠開張之前，將英國當地的管理人員和工程師集中送至東京，和總公司員工一起工作，一起接受訓練。大家穿同樣的工作服，不分國界，不分階級，親如一家。新力索尼公司這樣做的目的，就是讓英國的員工知道，雖然是日本人開辦的廠，但並沒有種族歧視存在，也沒有待遇的區別，只有工種的不同。

新力索尼公司的高階主管也沒有私人辦公室，甚至連分廠的廠長也沒有辦公室，這在許多公司都是少見的，這也是新力索尼公司期望大家消除等級隔膜，融成一體，互相接受和尊重。

新力索尼公司希望每個管理人員都能和其它員工一起，使用同樣的設施。每天早上，開工以前，各小組長都要召開一個簡短的會議，一方面交代當天的工作，另一方面檢討前一天的失誤。小組長往往邊說邊觀察每位組員的表情，如果有人不對勁，小組長就會主動瞭解他，看是否病了，或家裡有沒有出事，或個人有沒有什麼意見和建議等等。盛田昭夫說，如果員工生病了，或者不開心，或者有心事，都會影響當天的工作表現，這當然對員工和公司都不利。

相對來說，比起美國公司來，新力索尼公司內部工作調換要少得多。美國的員工流動率較高，自由度也相對較高。但新力索尼公司不希望員工流動太頻繁，為了公司的穩定發展，新力索尼公司希望員工快樂，固守崗位，積極工作。

但對於工程師階層來說，新力索尼公司又主張多流動。新力索尼公司的工程師在剛進公司時，都要到生產線上工作一段時間，為的是瞭解實際生產情況，以及技術指標和自己工作的具體領域，日本工程師往往都非常樂意這一安排，但外國工程師不太喜歡。在美國，一個領班可能一輩子都做同樣的工作。盛田昭夫認為如果工程師個人和公司雙方都感到滿意，那當然沒問題，但採用工作提高的方式，可能會比長期從事相同的單調工作心態更好些。

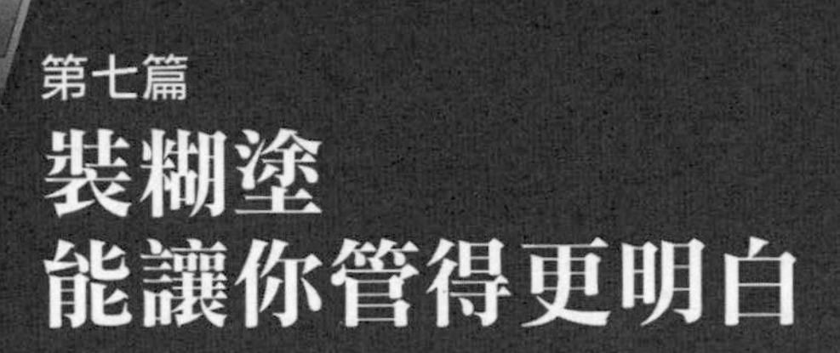

第七篇

裝糊塗
能讓你管得更明白

管理者必須是個明白人：洞悉真偽，明察優劣；
管理者又必須是個糊塗人：該避的避，該讓的讓。
管理者做到明白容易，做到糊塗很難，
因為前者需要的是能力、學識，
而後者則需要一種博大的胸懷。

有些事情確實需要裝糊塗

對聰明的管理者來說，糊塗的實質不過就是認識到智慧也有它的侷限；因而在某些場合放棄對智慧的依賴，而對事態的發展採取一種靜觀待變的態度。

我們所不能駕馭的，不能強求的，就不要去勉強。人不可避免有其自身的侷限，重要的是，要認識這種侷限，承認你有所不能。然後，在你所能的範圍裡，你就無所不能了。

即便如此，人也不可時時糊塗，事事糊塗。糊塗和精明一樣，隱忍退讓和競爭進取一樣，有它的作用，也有它的侷限。過分的精明，是沒有認識到自身的侷限，過分的糊塗，是沒有意識到自身的價值。積極競爭進取，難免不傷及左右；一味隱忍退讓，又無端受人欺侮。所以，糊塗也應該有糊塗的原則：

一、該糊塗的時候糊塗，不該糊塗的時候別糊塗

事關大是大非，個人氣節的時候不應該糊塗；在損己害人，誤事危身的時候，也不能糊塗。相反，如果只是關乎個人的利益，個人的榮辱，那麼就無須錙銖必較、寸土必爭、針鋒相對。此時，寧可糊塗一點，忍讓一點，給別人也給自己留一點餘地。

二、裝糊塗要像

裝糊塗並不是一種偽善。管理者一定要明白，糊塗不是真愚蠢，而是一種智慧的運用。這種智慧是經過長期的養成、反覆的自省、豐厚的積澱、勤奮的學習和刻苦的磨煉，爾後才能獲得的。有了這種智慧，才能大智若愚、大巧若拙。裝糊塗並不是真的糊塗，而是在明察秋毫的基礎上所做出的一種明智的選擇，是智慧的表現。

這種糊塗，是裝出來的，是精心去追求，刻意達成的。這裡所謂做出來，並非給人以欺騙，而是讓人能夠放心接受，坦然不疑。如果裝得不像，那麼難免露出形跡，彷佛居心叵測，別人望而生疑，避之唯恐不及。

三、好學不輟，大事不糊塗

糊塗既是基於對自身侷限的一種認識，又有其不得已的成分。一個人縱使是天縱奇才，也不可能免除他的侷限，因而也就難免於糊塗。知道自己不免於糊塗而不過分依賴自己的智慧，固然是一種明智的表現，但是透過不斷加強學習以提高自己的認識水準，你就可以突破侷限，少一些糊塗。特別是在不該糊塗的時候，就更能保持清醒的頭腦去處理問題。

為人處世，是精明一點好，還是糊塗一點好，各人有各人不同的答案。我們講的糊塗並不是真的糊塗，而是大智若愚的技巧，避免一些弄巧成拙的尷尬。

作為一名管理者，有時糊塗一點，寬容一些，你的親和度就更強一些。這樣，企業就不單有了凝聚力，戰鬥力，也有了生命力，從而形成一個有機協調、不斷成長的整體。

要裝糊塗而不要真糊塗

現實生活中很多事情是較不得真的，在這些事情上睜一隻眼閉一隻眼效果反而會更好些。管理工作中也會碰到這樣的「糊塗事」，對此，不妨把心態放平和，「糊塗」地看待和處理它。

鄭板橋的一句「難得糊塗」，使古今中外多少掌權者渡過了難關，使他們進可攻退可守，處理事情遊刃有餘。只有幾字便讓他們拍案叫絕，堪稱致勝法寶，既掌權、又用權，為此又怎能不「糊塗」？

一些管理者往往認為，如果事必躬親，所有功勞將會歸於自己。但是他們沒有想到，每一個決定都是有風險的，成功了是功勞，失敗了是責任，光想成功而不想失敗，未免有點過於天真。

將自己推在最前面，固然可以成功時獨領風騷，可是失敗時也要成為眾矢之的。撇開個人得失不講，這樣對企業毫無好處。如果將權力下放給部下，自己退到第二線，對自己未必沒有利。

如果部下成功了，這功勞自然少不了自己一份。即便不是領導有方，至少也是用人得當；如果部下失敗了，自己還可以挽回局面，可以干預、調整甚至撤換人員，若能轉敗為勝，仍不失英明。當上級主管追查下來時，還可以起一種責任緩和層的作用，例如，可以說：「這事不是我親自抓的，不太清楚」。「我調查一下，由我處理吧！」，如果再加上一句「這事我也要負責任」，那麼還可以令下屬感激涕零。

管理者應學會難得「糊塗」，在有些並非主要的問題上「糊塗」一點，進可攻退可守，處理問題遊刃有餘，就是人們常說的「大智若愚」。

不過，當一個「糊塗」管理者有三點要注意：

一、所謂「糊塗」是「裝糊塗」

大智若愚的精闢之處不在「愚」，而在「若」字。令自己處於「不知道」的角色，只不過是為了今後處理事情更加方便，但這並不是意味著自己是真的不知道，或者不應該知道，不去瞭解情況，掌握資訊。

二、「裝糊塗」的主要宗旨不是為了推卸責任

而是為了應變，掌握調整決策的主動權。

若要推卸責任，撒手不管豈不更好？另外，主管也決不能在一切事情上都「糊塗」，應該由自己負責的事情或事關企業發展存亡的重大事情就決不能裝糊塗。

三、可以將事情放手交給下屬處理，不加干涉

但是在用人方面決不能糊塗，選人要慎重，所謂「大智」全在於此。一個管理者若事事均要由自己出面收拾殘局，那麼說明他用人失誤，也和真糊塗無異了。同時，他要和下屬建立一種默契，讓下屬明白，他們承擔責任對企業有利。同時他自己心裡也要明白，有時下屬承擔責任是為自己作出犧牲，如果他們錯了，批評歸批評，但決不要因此影響大局。

作為管理者一定要會糊塗，更要懂得怎樣去運用糊塗藝術，才能成為一位不糊塗的「糊塗主管」。

利用模糊思維，巧妙迴避問題

模糊，泛指反映事物屬性的概念的外延不清晰，事物之間關係不明朗，難以用傳統的數學方法量化考察。

模糊思維是人腦的一種思維方式，被譽為「電腦之父」的馮・諾依曼在一九五五年曾指出：人腦是這樣一台「電腦」，它的精確度極低，只相當於十進位的二至三倍，然而它的工作效率和可靠程度卻很高，現在，我們還不能製造出一台人腦這樣的電腦。管理活動中的大量問題，都屬於複雜問題，具有模糊性質。現代管理活動系統涉及因素眾多，這些因素之間的連結多向交錯，性質多樣，使得事物與事物之間的關係不明朗，不清晰，這些連結和關係又處在瞬息萬變之中，人們對這些連結和關係及其變化的判斷又受著人的感覺、感情、非理性因素的影響，因而使管理者所要處理的許多問題都具有模糊性質。

為了使管理活動中許多模糊概念明朗化，模糊關係清晰化，使領導者在處理具有模糊性質問題過程中處於主動地位，領導者應當瞭解掌握模糊思維藝術，以增強解決各種棘手問題的能力，善於正確地處理日常碰到的複雜問題。

模糊思維方法最根本的特徵是，在模糊條件下取大取小原則，即利取最大，害取最小。這是模糊思維方法的靈魂。

掌握模糊邏輯，在堅持原則的前提下，以「難得糊塗」的思維方法去靈活處理模糊事物。以下介紹幾種運用模糊思維的藝術。

一、處理模糊性問題中的「粗」與「細」的藝術

對於重大決策、原則問題，管理者須細細調查研究，分清是非，決斷處理，但對許多具有模糊性問題的處理，卻是粗比細好。實際上對於眾多情況下的模糊性問題，諸如各部門的具體問題，常見的管理團隊不團結問題，下屬間的隔閡、積怨問題，員工中存在的各種情緒問題，採取「宜粗不宜細」的模糊方式去處理，其效果往往勝於精細深究一籌。

二、處理模糊性問題中的容忍與原諒的藝術

面對重大原則問題，主管必須旗幟鮮明嚴肅處理，對管理團隊內部、上下級之間、員工之間，許多具有模糊性的問題，則以容忍、原諒態度去處理，才能達到管理目的。前面我們談過「金無足赤，人無完人」，表示人處在「絕對好」與「絕對壞」之間的某種狀態，皆有優點與缺點，這與模糊思維邏輯相一致，既然如此，管

理者就應當容忍他人的缺點，原諒他人的過失。著名心理學家斯賓諾莎說：「心不是靠武力征服，而是靠愛和寬容大度征服。」

三、處理模糊問題中的拖延與沉默藝術

管理者處理重大、緊急情況，明朗的問題，無疑應果斷、堅決，態度鮮明，但在處理某些模糊問題時，則可以採用拖延與沉默的藝術，能推則推。比如對「可做可不做的事」，「可開可不開的會」，「可發可不發的文件」，有意拖延，不會影響大局，反而會大幅提高主管工作的效率，這就是拖延藝術。對「可管可不管的事」，對「可說可不說的話」，保持沉默，效果反倒更好。古希臘作家普盧塔克說：「適時的沉默，是極大的明智，它勝於任何言辭。」

所以，在管理工作中，處理具有模糊性的工作或問題過程時，須把原則性和靈活性結合起來。原則性是質的表現，它是確定的，但是在一定條件下，它又是模糊的，須透過靈活性為其鑲上一圈「模糊的靈光」。靈活性是量的表現，它是不確定的，須在原則性形成的質的磁場中為其排定「是」與「非」的方向。

思維藝術是管理藝術的內在功力，它的成功將帶來管理活動的成功。

推功攬過也是一種「糊塗術」

管理者若只為私利，私自竊取下屬的功勞，下屬自然不會為你賣命效力。老子所謂：「長而不宰，為而不待，功成弗民。」這就是勸誡主管要能「容人，共享繁榮」。

漢朝人張湯出身為長安吏，卻能平步青雲登上御史大夫的寶座，且深得漢武帝信任。

每當有政事呈上，武帝不滿，提出指責，張湯立刻謝罪遵辦，並說：「聖上極是，我的屬下也提出此意見，我卻未採納，一切都是我的錯。」反之，若武帝誇獎他，他則大肆宣揚屬下某某點子好，某某辦事利落。如此得到了手下人的愛戴。可見，張湯達到了用人的無上境界。

在榮譽到來之前，有些管理者常常利用自己的主管地位挺身而出，當仁不讓，似乎這樣才能表現出自己的厲害形象，才能證明自己的成功。

殊不知，一個管理者是否真正成功，得看他手下的人是不是成功了，只有下屬成功了，才表明你這個管理者也成功了。

請記住：「不要既想當教練，又想當進球的那個人。」

然而，最難做到的是對下屬讓功，或公開表揚下屬的才華功勞。管理者若有這樣高的涵養，下屬自會感恩圖報。

這是最高境界的管人方法。同樣，當下屬犯錯，能挺身而出，承擔責任，勢必會得到下屬的敬佩與愛戴。

作為管理者，你也可有如此造詣，只要做到：首先，要開闊胸襟，不計小利。當你的上司表揚你，不妨舉薦幾個立功之臣，一來可以在上司面前表現你胸懷大度；二來可以使上司明白你領導有方，培養人才效果頗佳；三來可以使下屬對你無限崇拜。

一箭三雕，如此划算的買賣，為何不做。

你舉薦之後，或許你的下屬會得到提升，或許會被加薪，這時不要感覺心裡不平衡，要開啟心胸，不必斤斤計較，更不可看別人加薪就眼紅，因為如此獲得的是對全體下屬的激勵，使之為你效力。

其次，要掌握分寸，推功攬過，而又維護自身形象。推功攬過，為下屬申功，為下屬代罪，這是獲得下屬忠心的最好辦法之一，也是在上司面前樹立形象的捷徑之一。聰明的管理者，不妨一試。

但是，過猶不及，若把功勞全部歸於下屬，使你這個管理者顯得像個白癡，或承擔所有過錯，被上司看作毫無辦事能力，那麼你自己的烏紗帽就要丟了，你還如何去庇護別人呢？

切忌與員工搶功

管理者想向上邀功，想得到上一級的褒獎，這可以理解。但若是管理者把本屬於員工的功勞攬為己有，再向上邀功，這樣做就令人不齒了。

有的管理者每次做出什麼成績，在向上邀功的時候，他們都會把員工撇在一邊，好像成績都是他一個人做出來的，跟員工沒有一點關係。結果造成和員工一起做出來的成績，卻讓管理者一個人獨占功勞——這樣的結果，會令下屬憤怒，就好像本是屬於自己的東西被人搶去了一樣！然而，由於搶走自己東西的人正是頂頭上司，作為員工，只能敢怒不敢言。從某種意義上說，管理者的這種行為，與強人所難無異，令人不齒！換句話講，這樣長期下去，管理者本人也會身敗名裂，真正害了自己。

作為一個企業管理者，如果做出搶奪員工功勞的事情，絕對是令人無法容忍的，因為這等於抹殺了員工為此做出的全部努力，讓他們付出的時間、精力和心血白流！一些強勢的管理者，他們共同的缺點，就是喜歡打頭陣、做指揮。而有一些管理者卻不相信員工的能力，已派給員工工作，自己卻更加倍地在做。因此，他們對員工的要求相當嚴厲，絲毫不具同情心，有時部屬要休假，就會表現出極端的不悅。誠然，像這種管理者他們對工作是相當賣力，而且負起全責，甚至，每一個細微的部分，他都要插上一手，在上司面前，也從不錯過任何表現機會。但這種情形，難免會產生一個結果，那就是將部屬的功勞占為己有。

某公司的物流組長史帝夫，就是這樣的一個人。這人很開明，常會聽取員工的意見：「這個建議很好，你將它寫下來，這星期內提出來給我。」

員工們聽了這話會很高興，踴躍地做各種企劃，大家爭著提供意見，當然，其中的大部分，也都為組長所採用了。然而，每一次發表考績，這一切卻都歸功於組長一人。

一年後，史帝夫就完全被員工叛離了。他感到很迷惑，不瞭解員工叛離的原因，心想：「是他們的構想枯竭了嗎？那麼再換些新人進來吧！」於是和其它部門交涉，調換了幾個新人。

新人剛進入部門，史帝夫就向他們提了一個要求：「我們物流組，傳統上是要發揮分工合作的精神，希望大家能夠同心協力，提高物流組的業績。」然而，並無人加以理會，他們心想：「物流組的功績，最後都總歸於你一個人，你老是搶別人的功勞，一個人討好上司。」像這樣，將自己部門內的工作，完全歸功於自己，是作為一個管理者很容易犯的毛病。任何工作，絕不可能永遠靠一個人去完成，即使是一些微不足道的協助，也要表示由衷的感激，絕不可抹殺員工的努力。作為一個管理者，這是絕對要牢記的。

管理者不奪員工功勞，才有可能成功。對於管理者，不濫奪員工功勞，似乎很難辦得到。

「他的工作有成果，不是我從旁協助的嗎？」「這項工作由計劃到指派，都是我的主意。」認為下屬的表現良好，全是自己的功勞。其實這是錯誤的，員工的表現突出，上司有一定的功勞，應屬無可厚非的事。但是經常將好的成績據為己有，不好的事就由員工自己去承擔，這是最不得人心的上司。

一位高明的管理者，不但不爭奪員工的功勞，有時還會故意把本屬於自己的那份功勞推讓給他們。這樣會使每個員工都樂意全心全意替他工作。

第八篇

柔比硬有時能產生更佳的管理效果

硬更有力量，這是生活中的常識，
但在管理工作中一味強硬效果未見得更好，
相反，一些相對柔和、溫情、人性化的方式反而令下屬誠服。
俗話說人心都是肉長的，當你面對一顆顆滾燙的人心時，
柔，確實更具有穿透力。

學會以柔克剛的管理術

以柔克剛是一種十分常見，而又屢試不爽的對敵智慧，這一智慧在管人過程中的套用也產生了極佳的效果。

比如，管理者有時會碰到這樣一種人，他們總是喜歡不遺餘力地攻擊指責別人，或散布流言蜚語，或造謠中傷，或出言不遜地辱罵等等。在這種情況下，要不要針鋒相對地予以回擊呢？

對此，在考慮和選擇自己的行為方式時，應該注意以下幾個問題：

一、應弄明白你所遇到的是不是真正的攻擊

以下面幾種情況很容易被誤認為是攻擊。

▼由於對某種事物持不同的看法，對方提出了比較強硬的質疑或反對意見。此時，如果你能夠給予必要的解釋和說明，矛盾很可能會很好的解決。

▼由於自己對某事處理不當，對方在利益受損的情況下表示不滿，提出抗議。

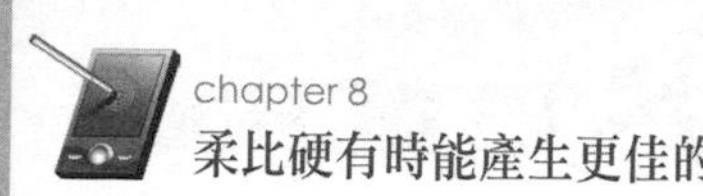

如果的確是自己處理不當，或雖則並非失誤，但確有不完善之處，而對方又言之有理。那麼，儘管對方在態度和方式上有出格的地方，也不能看成是攻擊。

▼由於某種誤解，致使他人發脾氣，或出言不遜。在這種情況下，只要耐心地、心平氣和地把問題澄清，事情自然也會過去。如果忽視了判別與區分真假攻擊的不同，往往會鑄成大錯。

二、即便你確定他人在對你進行惡意攻擊，也不必全部地給予回擊

在與下屬的交往中，對付惡意攻擊最好的方式莫過於不理睬他。如果你不理睬他，他仍不放鬆，那也不必對著做。因為這樣恰恰是「正中下懷」。不難發現那些喜歡攻擊他人的人，大多善於以缺德少才之功消耗大德大智之勢。你對著做，他不只有喜歡奉陪，還頗會戀戰，非把你拖垮不可。在這種時候，你應果斷地甩袖而去。

中國古代哲學名著《老子》中，有這樣一句話：「天下莫柔弱於水，而堅強者莫之能先。」攻擊者並不屬於真正的強者。對那些冒牌的強者採用對攻，是很不值得的。

管理者與富於攻擊性的人打交道，不管他是否懷有敵意，頭一條是要勇於面對他的進攻。此外，還應注意以下要點：

▼給對方一點時間，讓對方把火發出來。

▼對方說到一定程度時，打斷對方的話，隨便用哪種方式都行，不必客氣。

▼如果可能，設法讓其坐下來，使他不那麼好鬥。

▼以明確的語言闡述自己的看法。

▼避免與對方抬槓或貶低對方。

▼如果需要並且可能，休息一下再和他私下解決問題。

▼在強硬後作一點友好的表示。

應該說，大多數人的性格中都不乏剛性的成分，也並非每一種剛性都能在強硬的管人手段面前敗下陣來。作為管理者要用心摸索管人的最佳方式方法，學會以柔的力量克制剛性的不羈。這樣，才能以最小的付出達到最好的管人成效。

領導者先要管好自己的脾氣

管人過程中發不發火、怎樣發火決不只有是管理者的脾氣問題，它涉及到決策的具體效果。所以領導者必須認真對待。

下屬在工作中總會出現不一樣的問題，有的因為工作馬虎犯下不該犯的錯誤，有的雖經你再三警告仍不斷出錯，如此等等不一而足，有些錯誤著實讓人無法容忍，管不住自己脾氣的管理者往往以發脾氣的方式表達不滿。但大多數情況下不起任何作用，錯誤仍然會持續地犯下去。

在這個問題上如果能從決策的角度去考慮，會有以下的方式去解決：

一、能不發火儘量不發火

在工作出現問題時，往往是因為溝通無效或者配合不協調造成的，也可能員工沒有正確地知識和工具來完成這項工作，或者是員工在工作中的疏忽大意、沒有認真負責造成的，但是，無論如何，這些事情已經發生了，如果真的不是非發火不可的話，還是認真地考慮一下解決方案。

假如上司總是為此勃然大怒，那麼下屬也就會喪失嘗試改正自己的錯誤或採用新方法的主動性。如果上司總是這樣容易發火，那麼，在以後的工作中，員工就可能會隱瞞事實或者假裝認為事事順利，結果只會使工作變得更加糟糕。

作為管理者，你必須接受這樣一個現實：一些工作的指派可能會失敗，在工作的指派過程中，有些誤解會產生，接受工作的員工也可能忽略細節。另外，一些員工也可能缺乏執行任務所需要的資源。所以，你不能祈求一切工作都順利地進行，任務執行的中斷會使你不能按時以滿意的方式提交工作，這些都是你應預料到的。

所以，管理者在遇到上述問題時，應該告訴自己：先別發火，等等看再說。也就是說，在你做出舉動之前一定要冷靜，讓員工相信即使代價最高的錯誤也不會使你們的關係破裂。你平靜地、頭腦清醒地反應告訴他們：錯誤並不可怕，重要的是正視它，並找出解決的辦法。你願意聽到員工向你傳遞的任何消息，內含好的和壞的，這和俗話說的「沒有消息便是好消息」恰好相反：沒有消息便是壞消息。因為，管理的實施需要你和你的員工保持很好地溝通和交流，而發火是解決不了任何問題的。

努力尋找解決的方案。當你已經收集資訊確信自己已經正確瞭解了所發生的事情之後，就不要急於去責怪你的員工。他們也不想這樣。如果你在這個時候去詳細

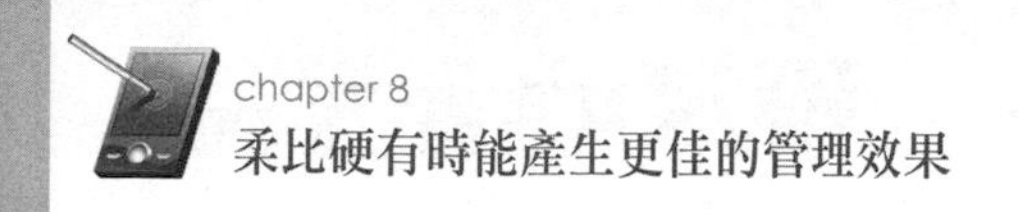

評論這個錯誤，可能會使問題激化。在問題發生之後，情況可能會是一團混亂，或者至少在你和員工的心中是一團混亂。這個時候，即使是員工犯了錯，你也不能馬上就做出判斷或憤怒地表達你的失望之情，因為現在是想辦法補救錯誤、解決問題的時候，忙於責怪你的員工只會白白地浪費時間。

鼓勵你的員工想辦法，或者和你的員工一起想辦法，「下一步該怎麼辦？」「如何才能儘快的找到解決問題的辦法，最大限度的彌補損失？」當解決了這些問題之後，你就能夠比較輕鬆地和你的員工來討論以前犯的那個錯誤。

如果你的員工只有是偶然犯了一個錯誤而不是經常性地犯這樣的錯誤，或者，對錯誤的發生沒有多少私人的原因，那麼，在他認識到錯誤之後，你要做的只有是讓他保證以後小心不再犯，從教訓中總結經驗，這才是最重要的。

二、發火後別忘了做好善後安撫工作

有經驗的管理者在這個問題上，既要勇於發火震怒，又要有善後的本領；既能狂風暴雨，又能和風送暖。

發火，不論多麼高明總是會傷人的，只是傷人有輕有重而已。因此，發火傷人後，需要做及時的善後處理。

正確的善後，要視不同的對象採用不同的方法，有的人性格較不拘小節，管理者發火他也不會放在心裡，故善後工作只需三言兩語，象徵性地表示就能解決問題；有的人心細明理，管理者發火他能理解，也不需花大功夫去善後；而有的人則死要面子，對管理者向他發火會耿耿於懷，甚至刻骨銘心，此時則需要善後工作細緻而誠懇。對這種人要好言安撫，並在以後尋機透過表揚等方式予以彌補。

把反對者變成擁護者才算真本事

一名管理者，他的支援者越多，工作展開起來就越順利。但不可否認的是，沒有人會得到下屬百分百的支持。反對者的存在並不可怕，高明的管理者會以打拉結合的技巧去駕馭反對者，並盡可能地把反對者變成自己的擁護者。

怎樣將反對者轉變成支援者呢？這就要做到以下幾點。

一、虛懷納諫，勇擔己過

一個管理者必須具備虛懷若谷的胸懷、容納諍言的雅量。遇到下屬反對自己的事，要捫心自問，檢討自己的錯誤，並且在自己的反對者面前勇敢地承認。這不但不會失去威信，反而會提高權威。對方也會因為你的認錯更加尊重你而與你合作。千萬不可居高臨下，壓服別人，一味指責對方過錯，從不承認自己不對。即使心裡承認但口頭上卻拒不承認，怕失面子，這是不可取的，也是反對者最不能接受的。

二、弄清原因，對症下藥

反對者反對自己的原因是多種多樣的，只有弄清楚，方能對症下藥。有的是思想認識問題，一時轉不過彎來。對於這種反對者切不可操之過急，而應多做說服工作。實在相持不下，一時難以統一，不妨說一句：還是等實踐來下結論吧！有的下屬反對自己是因為自己的思想工作方法欠妥或主觀武斷，脫離實際；或處事不公，失之偏頗。對於這種反對者最好的處理方法就是從善如流，在以後的行動中來自覺糾正。還有的反對者則是因為其個人目的未達到，或自己堅持原則得罪過他。對於這種人一方面要團結他，一方面要旗幟鮮明地指出他的問題，給予嚴肅的批評與教育，切不可拿原則做交易，求得一時的安寧和和氣。總之，管理者要冷靜地分析反對者反對自己的原因，做到有的放矢，對症下藥。

三、不計前嫌，處事公道

這是一個正直、成熟的管理者的基本素質，也是取得下屬擁護和愛戴的重要一條。反對者最擔心也是最痛恨的是管理者挾嫌報復、處事不公。管理者必須懂得和瞭解反對者這一心理，對擁護和反對自己的人要一視同仁，切不可因親而賞，因疏而罰，做出「順我者昌，逆我者亡」的封建官場作風。只有這樣，反對者才能消除積慮和成見，與你同心協力。

四、嚴以律己，寬以待人

一個群體內部有親疏之分，領導者與被領導者之間也是如此，無論你承認與否，這是不可否認的一個客觀存在。因為在一個部門中總有一部分同事由於思想、性情、志趣與自己接近，容易產生共鳴，獲得好感、贏得信任，這種親近關係常會無意中流露出來。而那些經常反對自己的人，在一般人看來是不討主管喜歡的，無疑與主管的關係是「疏」的。一個領導者與被領導者之間的「親疏」，是下屬最為敏感的問題。如果一個管理者對親近自己的恩愛有加、袒護包容，而對疏遠者冷落淡漠，苛刻刁難，那麼團體內部必然產生分裂，滋生派性。正確的方法應該是親者從嚴，疏者從寬。也就是說對親近者要求從嚴，而對疏遠者則要寬容一點。這樣可以使反對自己的人達到心理平衡，迅速消除彼此間的隔閡和對立情緒。

五、關懷下屬，情理並重

下屬總有自身難解決的問題，需要管理者去協調、去解決。作為管理者理應關心他們的疾苦，決不可袖手旁觀，置之不理，尤其是主動幫助那些平常反對過自己的人（這是溝通思想的好機會）。只要符合條件、符合政策，就應毫不猶豫地幫助他們解決實際問題。哪怕一時沒辦到，但只要你盡了努力，他們也會銘記在心，備受感動。相信只要你付出真情，自然會得到回報，他們就會變反對為支援。那麼你所領導的群體就一定會出現一個眾志成城、生機勃勃的局面。

給犯錯誤的下屬戴罪立功的機會

許多管理者對待犯了錯誤的下屬，不是將其調走，就是降低使用，或是不再給予重要性的工作。其實，下屬犯了錯誤，最痛苦的是其自身，應該給其改正錯誤的機會。

美孚石油公司有一位部門主管，由於在一筆生意中判斷錯誤，使公司損失了幾百萬美元。公司上下都認為這個主管肯定會被炒魷魚，這位主管也做好了被炒的準備。他去見洛克菲勒檢討了錯誤並要求辭職。而洛克菲勒卻平淡地說：「開除了你，這幾百萬學費不是白交了。」此後，這位主管在工作中為公司創造了巨大的經濟效益。

按理說，這位主管造成了這麼大的損失，開除也不為過，至少在某些管理者那裡一定會電閃雷鳴地大加訓斥一頓。有些管理者喜歡「痛打落水狗」，下屬越是認錯，他咆哮得越是厲害。他心裡是這樣想的：「我說的話，你不放在心上，出了事

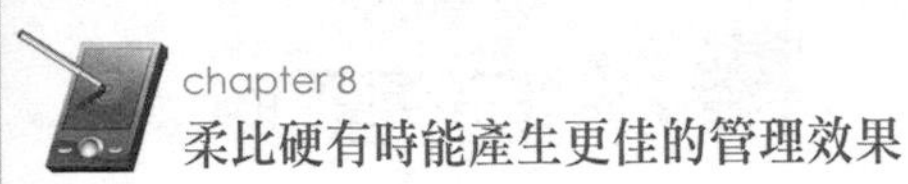

你倒來認錯，不行，我不能放過你。」

這樣做會是什麼結果呢？一種可能是被罵之人垂頭喪氣；另一種可能，則是被罵之人忍無可忍，勃然大怒，重新「翻案」，大鬧一場而去。這時候，挨罵下屬的心情基本上都是一樣的，就是認為，我已經認了錯，你還抓住我不放，實在太過分了。

美國人鮑勃•胡佛是個有名的試飛駕駛員，時常表演空中特效。一次，他從聖地亞哥表演完後，準備飛回洛杉磯。倒霉的是飛行時，剛好有兩個引擎同時出現故障，幸虧他反應靈敏，控制得當，飛機才得以降落。雖然無人傷亡，飛機卻已面目全非。

胡佛在緊急降落以後，第一個工作就是檢查飛機用油。不出所料，那架第二次世界大戰的螺旋槳飛機，裝的是噴射機用油。回到機場，胡佛見到那位負責保養的機械工。年輕的機械工早已為自己犯下的錯誤而痛苦不堪，眼淚沿著面頰流下。你可以想像胡佛當時的憤怒，一定會對這個機械工大發雷霆，痛責一番。

然而，胡佛並沒有責備那個機械工人，只是伸出手臂，圍了圍工人的肩膀說：「為了證明你不會再犯錯，我要你明天幫我修護我的F1五一飛機。」世上沒有十全十美的人，沒有誰能保證一輩子都不做錯事。因此，對待有過錯的人才要有寬容的胸襟，不要因為對他們的期望高而求全責備。

其實，你放手讓優秀人才去做的事情都是比較重要的，相對而言也比較容易出現閃失，因此，你就應當以一顆平常心去對待有可能出現的過錯。對於那些過錯，你應當對各種情況進行分析，在此基礎上去理解和原諒員工。你應當明白，優秀人才都會犯錯，別的人，內含自己恐怕也難以避免。因此，就算是因為對方個人的原因，你也要採取一種寬容的態度，畢竟不能因為一次過錯就否定整個人。

可見，「使功不如使過」，對有過錯的員工進行大膽的使用，常會收到一石三鳥的用人效果：一能使其更加感激主管的尊重和信任；二能使其痛悔自己的過錯；三能使其拼命工作，以便將功補過。而且，實踐表明，有過錯的人往往比有功勞的人更容易接受困難的工作。使用有過錯的人實際上就是對他的一種強大的激勵，可以使其一躍而起，創造出令人「刮目」的成績。

同時，對於有過錯的人才而言，他們最需要的就是獲得重新證明其價值和展示其才華的機會，尤其是當他們因過錯而受到社會的歧視冷落後，這種願望就更為迫切。因此，領導者一旦提供這樣的機會，他們就會迸發出超乎平常的熱情和衝勁，付出幾倍、甚至幾十倍的努力去工作，完成常人難以完成的工作。

透過化解矛盾提高下屬的積極性

下屬心存解不開的結，對管理者必然抱有敵對情緒，工作也不會有積極性。管理者應該正視矛盾，把矛盾看作提高下屬積極性的一個有利契機。

對於矛盾的化解，宜少用、不用「打」的方式，那只能激化矛盾，而應採取「拉」的態度和措施。為此，要把握好以下幾個關鍵點：

一、以誠懇的態度重視員工的抱怨

員工對公司有抱怨、不滿，有利益摩擦，經理人應當充分重視。首先你要查明原因。如果員工對薪資制度有抱怨，可能是因為公司薪水在同業中整體水準偏低或某些職位薪水不盡合理。經理人要找到員工抱怨的原因，最好聽一聽他的意見。傾聽不但表示對投訴者的尊重，也是發現抱怨原因的最佳方法。對於員工的抱怨應當做出正面、清晰的回覆，切不可拐彎抹角，含含糊糊。

對於員工的抱怨，在處理時，應當形成一個正式的決議，向員工公佈。在公佈時要注意認真詳細，合情合理地解釋這樣做的理由，而且應當有安撫員工的相應措施，並加以改進。應儘快行動，不要拖延，不要讓員工的抱怨越積越深。如果最終裁決是最高主管做出的決議，那麼你當然應當全力支援，無論裁決是否能圓滿解決問題。

在解決員工的抱怨的問題時，高階管理人員有一種「門戶開放式政策」，即宣稱他們的門戶隨時敞開，歡迎各種抱怨的員工直接向他們投訴，他們將全力解決。有人認為這發揮不到任何作用，然而這種方式可以使員工隨時隨地意識到自己利益不受侵犯，能使員工更加努力。

經理人員絕對不可對員工的不滿和抱怨掉以輕心，漠然視之。員工雖然不會因為心存抱怨而憤然辭職，但是他們會在其抱怨無人聽取又沒人考慮的情況下辭職。因為他們感到自己的人格受到了污辱，感到無法接受。如果你希望員工愉快、滿懷熱情地干工作，你就應當花點時間傾聽他們的訴說。多花點時間聽聽員工的心聲，對你是有益無害的。

如果認為對某一事情表示不滿就表明此人對公司和管理部門甚至對你個人極為怨恨，那就大錯特錯了。抱怨是員工在領導者對待自己方式不當時發出的怨言。不滿並不意味著不想。實際上，正是抱怨和不滿，才使你意識到公司裡可能還有其它人也在默默忍受著、抱怨著同樣的問題。這種情況下，生產效率會受到嚴重影響。

你的員工常會對薪資、工作條件、同事關係以及與其它部門的關係發出怨言。面對員工抱怨，你必須謹慎地處理，不可置之不理，輕率應付。

你要設身處地，變換角色地想想事情為什麼會發生，儘量考慮問題發生的原因，避免因操之過急而激化矛盾，你應當做出一種姿態：向員工的抱怨敞開大門。即使一時沒空，也要約定一個時間讓他來說。不要當即反駁下屬的怨言，讓他們先訴為快。如果抱怨的對象中有其它的員工，你必須同時聽取另一方的意見，以便公正地解決問題。如果你打算解決問題，請立即採取行動。如果你不準備採取什麼行動，也應告訴抱怨者其中的原因。

在面對員工的抱怨時，你需要有耐心和自我控制力。尤其是員工的抱怨牽涉到你，使你感到很尷尬時，更需要極大的耐心和自我控制能力。並非員工的所有抱怨都能得到圓滿的解決，因為有些可能違背了公司的政策，甚至是一些錯誤的、不合情理的抱怨。但是，對於這些抱怨，你也不能漠然視之。你要聽聽，認真地傾聽他們的抱怨，然後再作表示。發洩怨言似乎希望你採取什麼行動，而實際上只要你給他們一雙理解的耳朵，他們就會感到心滿意足。而且，你也應當解釋清楚為什麼那個抱怨不能被徹底解決。

你應容許下屬越級向更高主管層訴說。因為有些抱怨可能涉及更高的管理部門。當然，你也可以向上級彙報，由你做下屬向上司提出抱怨的橋樑。在你的下屬向更高主管層訴說前，你也應向上司說明情況，簡明扼要地說明內容，然後由上司去處理，你不必再插手。

在處理員工的抱怨時，要具體情況具體分析、具體對待，而且你還要相信員工的忠心。

二、採取積極措施化解與員工的矛盾

領導者與被領導者在日常的工作中，偶爾也會為某件事發生摩擦，甚至爭得面紅耳赤的。一般而言，事情過後，大多能夠握手言和。美國迪卡爾財政公司主管狄克遜，在管理方法上曾提出「有摩擦才有發展」的觀點。一次，狄克遜無意中說了一句話，戳痛了對方，對方在理智失去控制的情況下，激烈爭辯，把長期鬱積在內心的話傾吐了出來。然而，這次爭吵卻使雙方真正交換了思想，反倒覺得雙方的距離縮短了。以後雙方坦率相處，關係有了新的發展。

在人與人之間的關係中，在領導者與被領導者之間的關係中，時常出現「敬而遠之」的現象，這種現象使彼此的思想無法進一步溝通。因為越是「敬而遠之」，就越無法增加交換意見的機會和可能。這樣，偏見和誤解就會逐步加深。倘若，能在合適的時機，透過一兩次摩擦和衝突，倒可能使多年的問題得到解決。作為領導者應該勇於面對衝突，而不能一味遷就。透過衝突進一步改善人際關係，使全體員工襟懷坦白、精誠合作。領導者如果沒有面對衝突的勇氣，沒有解決衝突的能力，就難以改變惡化的人際關係，從而也就難以領導部門的工作。

正確對待組織內部的人與人、人與組織的關係，是企業內部公共關係的重點之一。因此，每個領導者都應從全局著想，認真對待這個問題，要善於處理面對面的衝突。

作為一名管理者，需要很多技巧和藝術，尤其是在處理員工與你的關係時，更應當設法讓他們佩服你，認真地完成自己的工作。

你與員工之間也有矛盾衝突的時候。矛盾衝突主要是對工作有不同的期望和標準。你希望工作儘快完成，而他們卻認為不可能。你對他們的表現很失望，他們也因沒有順利完成工作而灰心；員工希望得到更好的工作條件，你卻不能滿足；還有的員工態度粗魯或者總是不恰當地奉承……這些情況都會對你的工作造成不好的影響，影響你在員工中的威信。因此，要樹立在員工中的威信就必須學會化解與員工的衝突，讓他們佩服你。

在你設法化解與員工的矛盾時，你可以問以下幾個問題：「我和員工的衝突到底是什麼？」「為什麼會產生這種衝突？」「為解決這個衝突，我要克服哪些障礙？」「有什麼方法可以解決這一衝突？」當你找到瞭解決衝突的方法時，還要偵測這是否是有效的方法。另外，你還應當預見到按這種方法去做時會出現什麼結果，以做到心中有數，不至於到時不知所措。當然，如果你感到問題很複雜時，可以找個專家諮詢一下，或找個朋友談一談情況，請他們提供你一些適當的建議。

你的一名下屬鬧情緒，工作不積極，你認為這是一個需要解決的問題。透過溝通瞭解一些問題，而解決那些問題並不是件困難的事，衝突在於你們對何種行為是可以接受的存在認識上的差異。因為他向你抱怨工作間噪音太大，而你卻不加注意，也沒請人進行改進，原因在於他認為領導者應當重視噪音，而你不願採取措施。需要克服的障礙是他對你不信任和確實存在的噪音。解決問題的辦法是與他談話時注意技巧，共同設法解決。結果可能是他改變了對你的態度，噪音問題也得到瞭解決，也可能是他仍舊不合作，你不得不辭退他或為他調整工作。

一位管理者既要學習管理技巧，也要注意培養自己的領導素質，增強自身的人格魅力，讓員工自願與你積極合作，共謀大事。有些稍有缺陷的領導者更應當注意如何增強自身的素質，避免可能出現的與員工的一切矛盾，達到最佳的合作狀態。

三、把握好化解矛盾的原則

▼得饒人處且饒人

這是緩和與下屬矛盾的最基本的原則。下屬如果做錯了一些小事，不必斤斤計較。動輒責罵訓斥，只會把你們之間的關係弄僵。相反，要儘量寬待下屬。對下屬給予寬容，在得罪你的下屬出現困難時，也要真誠地幫助他。特別提醒的是要真誠。否則如果你覺得你是勉強的，就會覺得很不自在，如果對方的自尊心極強，還會把你的幫助看做是你的蔑視，你的施捨，而加以拒絕。「人無完人」，有什麼對不起你的地方，多擔當一點「宰相肚裡能撐船」。

▼重視與下屬交流

主管與下屬對待某一問題出現意見分歧，這是很正常的事情。這時作為主管，你需要克服自己這樣一種心理：「我說了算，你們都應該以我說的為準。」其實，「眾人拾柴火焰高」，把大家的智慧集合起來，進行比較、綜合，你會找出更可行的方案。下屬提出高招，你不能嫉妒他，更不能因為他高明就排斥他，拒絕他的高見。這樣，你嫉妒他超過了你，他埋怨懷才不遇，遭受壓制，雙方的矛盾就會變得尖銳。你有權，他有才，積怨過深，發生爭鬥可能會導致兩敗俱傷。

作為主管，要能夠發現下屬的優勢，挖掘下屬身上的潛能，戰勝自己的剛愎自用，對有能力的下屬予以任用、提拔，肯定其成績和價值，才會化解矛盾。

發現下屬的潛能，並能委以重任，可以減少很多矛盾。下屬經你的提示會發現自己的潛能與不足，就會覺得自己投得明主，三生有幸，就會對工作環境，工作條件不那麼在乎，也就避免了很多與你發生矛盾的可能。

從另一角度而言，主管與下屬能進行這樣的交流，主管發掘並動用下屬的潛能，下屬從主管那裡得到點撥，就會知道能做什麼，不能做什麼，應該得到什麼，不應該得到什麼。就不會因得不到某些機會、某種獎勵而與主管發生矛盾。

▼容許下級發洩

發現確屬自己的錯誤時，要容許下級發洩。上下級間存在矛盾，如果因為主管工作有失誤，下屬會覺得不公平，壓抑，有時會發洩出來，甚至是直接面對主管訴說不滿，指斥過錯。

遇到這種情況，主管不能以怒制怒，雙方劍拔弩張，不利於矛盾的解決，只會使矛盾更加激化。日本的一些企業在這方面做得就比較明智。他們在企業中設立一個類似於「發洩室」的屋子，屋子裡面設企業各級主管的像，或頭像，或模型，讓員工在對他們不滿時去對頭像或模型臭罵一通，發洩心中的怒火，回去繼續努力工作。

這只有是一種間接的發洩方法，不利於解決矛盾中存在的問題。因此，在遇到下屬直接找你發洩他對你不滿時，應該這樣理解：他對你是信任的、寄予希望的。沒有信任，害怕說了會挨你的整治，他就不會說了；沒有寄予希望，他也不會來找你了。因此主管在接待發洩不滿的下屬時，要耐心地聽下屬的訴說，如果經過發洩後能令其心裡感到舒服，能更愉快地投入到工作中去，聽聽又何妨？同時這也是一個瞭解下屬的很好的機會，可不能一怒而失良機。

▼沒有必要一味忍讓

矛盾的發生無論原因在主管還是在下屬，主管都不能一味忍讓。責任在下屬，適當給予寬容，也要給予指出。否則他會渾然不覺，以後還會出現類似的錯誤。責任在主管，應進行有效的處理。對於一些不知深淺的下屬，不能一味忍讓。寬容並不是愚蠢，退步不等於軟弱，在適當的時機，予以反擊，以阻止下屬無休止的糾纏。

解決下屬之間的矛盾時，就要學會指出下屬錯誤的方法，提出批評。指出錯誤要為下屬保留面子，並且能不因此招恨惹怨，還要讓下屬覺得改正錯誤不難。

如果你要指出下屬的錯誤，提出批評，那不妨先讚美對方的一些優點。這種方法就像做手術，先施行麻醉，患者雖然要遭受刀割針縫之苦，但麻醉劑卻抑制了疼痛。

人們都不喜歡接受別人直截了當的批評，那你不妨先提自己的錯誤，這更能讓下屬產生共鳴，更容易接受。

矛盾化解了，心結解開了，下屬就能心情舒暢地投入工作。有了矛盾不是壞事，不懂得以方圓之道去解讀和利用矛盾才是天大的壞事。

「戴高帽子」是一種聰明的管理術

及時的表揚、真誠的讚美都是現代管理理論中大力提倡、實務中多有套用的管理方法，但這通常是指一個員工確實有出色的表現的情況下，如果說員工在某些方面存在不足，仍然以肯定、讚賞對待他，這就是所謂「戴高帽子」了，有的人可能對此不以為然，但事實證明，這是一種行之有效、聰明之極的管理術。

管理者可以從以下的例子中學會給人「戴高帽」。有一位琴德夫人，她僱了一個女僕，並告訴她下星期一上工。之後，琴德夫人打電話給那女僕以前的女主人，得知她一切都不好。當女僕來上工的時候，琴德夫人說：「賴莉，我那天打電話給你以前做事的那家太太，她說你誠實可靠，會做菜，會照顧孩子，但她說你不整潔，從不將屋子收拾乾淨。現在我想她是有些誤解，你穿得很整潔，人人可以看得出。我打賭你收拾屋子一定與你的人一樣整潔乾淨。你也一定會與我相處得很好。」

她們後來真的相處得很好。賴莉要顧全名譽，並且她真的顧全了。她把屋子收拾得一塵不染，她情願多費一小時打掃，而不願使琴德夫人對她的希望落空。

簡言之，如果你要在某方面改進一個人，就要做得好像那種特點已經是他的顯著特性之一。莎士比亞說：「假定一種美德，如果你沒有。最好是假定，並公開地說，對方有你要他發展的美德。」給他一個好名譽會達到，他便會盡力去做，而不願看你失望。

雷布蘭克在她的紀念物《我與馬克林的生活》一書中曾敘述一個卑微的比利時女僕的驚人變化：

一個女僕由一家鄰近的旅館中給我送飯，我稱她為「洗碗的瑪莉」，因為她開始她的職業時是一個廚師的助手。她好像是一個鬼怪，斜眼、彎腿，是一個肉體及精神都可憐的人。

有一天，當她用她的紅手托著一盤麵送給我時，我爽直地對她說：「瑪莉，妳不知道妳身上有什麼寶藏。」

慣於約束情緒的瑪莉等了幾分鐘，不敢冒險表示一點態度，恐怕惹禍。她將盤子放在桌上，嘆了口氣，巧妙地說：「夫人，我以前從來不會相信的。」她沒有懷疑，沒有發問，只是回到廚房，反覆我所說的話，信心非常之大。從那天起，雖然沒有人給她相當的體恤，但最奇怪的變化，卻發生於卑微的瑪莉本身。她相信她身上有一種看不見的東西，她開始非常小心地留意她的面部及身體，並將她的平凡之處遮掩起來，使她枯乾的青春好像開起花來了。

兩個月以後，在我要離開的時候，她宣布她將要與廚師的姪子結婚。「我將要做太太了。」她說著並向我致謝。一句話改變了她整個的人生。

當呂士納要影響在法國的美國士兵的行為時，他也採用了同樣的辦法。哈伯德將軍是一位最受人歡迎的美國將軍，曾經告訴呂士納說，按他的意見，在法國的二百萬美國兵，是他曾讀到過或接觸過的最清潔、最合乎理想的人。

過分的稱讚嗎？或許是的，但且看呂士納如何套用它。

「我從未忘記告訴兵士們那將軍所說的話」。「我一刻也不懷疑它的真實性，但我，即使不真實，知曉哈伯德將軍的意見將激勵他們努力達到那個標準。」呂士納寫道。

「戴高帽子」是一種技巧，這一技巧可以解決一般的管理手段解決不了的問題，是對迂直原則的妙用，也是對方圓之道的妙用。

帶人：讓員工完全臣服的管理術（讀品讀者回函卡）

■ 謝謝您購買本書，請詳細填寫本卡各欄後寄回，我們每月將抽選一百名回函讀者寄出精美禮物，並享有生日當月購書優惠！
想知道更多更即時的消息，請搜尋"永續圖書粉絲團"

■ 您也可以使用傳真或是掃描圖檔寄回公司信箱，謝謝。
傳真電話：（02）8647-3660　信箱：yungjiuh@ms45.hinet.net

◆ 姓名：________ □男 □女 □單身 □已婚

◆ 生日：________ □非會員 □已是會員

◆ E-Mail：________ 電話：（ ）________

◆ 地址：________

◆ 學歷：□高中及以下 □專科或大學 □研究所以上 □其他________

◆ 職業：□學生 □資訊 □製造 □行銷 □服務 □金融
□傳播 □公教 □軍警 □自由 □家管 □其他________

◆ 閱讀嗜好：□兩性 □心理 □勵志 □傳記 □文學 □健康
□財經 □企管 □行銷 □休閒 □小說 □其他________

◆ 您平均一年購書：□ 5本以下 □ 6～10本 □ 11～20本
□ 21～30本以下 □ 30本以上

◆ 購買此書的金額：________

◆ 購自：________市(縣)
□連鎖書店 □一般書局 □量販店 □超商 □書展
□郵購 □網路訂購 □其他________

◆ 您購買此書的原因：□書名 □作者 □內容 □封面
□版面設計 □其他________

◆ 建議改進：□內容 □封面 □版面設計 □其他________

您的建議：

剪下後傳真、掃描或寄回至「22103新北市汐止區大同路三段194號9樓之1讀品文化收」

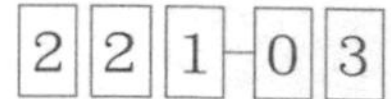

新北市汐止區大同路三段 194 號 9 樓之 1

讀品文化事業有限公司　收

電話/(02)8647-3663　傳真/(02)8647-3660
劃撥帳號/18669219　永續圖書有限公司

請沿此虛線對折免貼郵票或以傳真、掃描方式寄回本公司，謝謝！

讀好書品嘗人生的美味

帶人：讓員工完全臣服的管理術